DER OSTEN

UND DIE

DEUTSCHE GESCHICHTE

SPRINGER FACHMEDIEN WIESBADEN GMBH

Schriften der Akademie für Jugendführung

ISBN 978-3-663-14990-3   ISBN 978-3-663-15135-7 (eBook)
DOI 10.1007/978-3-663-15135-7
Softcover reprint of the hardcover 1st edition 1944

Nur für den Dienstgebrauch

VORWORT

Der Osten war und ist unser Schicksal. Seine Bedeutung im geschichtlichen Wandel ist eines der großen Themen unserer Reichsgeschichte. Die Fragen seiner politisch-historischen Entwicklung, seines landschaftlichen, kulturellen und wirtschaftlichen Gefüges waren Gegenstand der Vorträge, die anläßlich der ersten Arbeitswoche der Akademie in der Zeit vom 15. bis 21. März 1943 gehalten wurden.

Die Hauptvorträge sind in dieser Schrift vereinigt und sollen den Teilnehmern an der Woche, besonders aber den Männern des zweiten Lehrganges, eine Erinnerung an die gemeinsame Arbeit sein.

Für die gesamte Führerschaft sind die Vorträge insofern von Bedeutung, als sie einen wesentlichen Einblick in den derzeitigen Stand der Ostprobleme geben.

Für das eingehende Studium werden die Bücher im beigefügten Schrifttumsverzeichnis empfohlen. Zur näheren Erläuterung dienen außerdem die Karten unter dem Thema „Europa und der Osten".

Den Männern der Wissenschaft gebührt an dieser Stelle noch einmal unser Dank.

Mit den in diesem Band vereinigten Vorträgen beginnt die Akademie für Jugendführung die Reihe ihrer Veröffentlichungen. In den weiteren Arbeiten werden vor allem die Fragen der Jugendführung und Jugendkunde und die politischen Erziehungssysteme in der Geschichte berücksichtigt. Für die verantwortungsvolle Arbeit des Jugendführers wollen die Schriften der Akademie ein sachliches Hilfsmittel sein.

Der K.-Kommandeur

B u d ä u s , Gebietsführer.

INHALTSVERZEICHNIS

Europa in der Abwehr des Ostens

Von

Hans Heinrich Schaeder

Vor zweieinhalb Jahrtausenden hat der Grieche Herodot, den wir den Vater der Geschichte nennen, den Kampf zwischen Europa und Asien als das durchgängige große Thema der Weltgeschichte bestimmt. Er verfolgte es von dem ältesten Ereignis, von dem er Kunde hatte, dem Kampf der Griechen um Troja, von dem wir heute wissen, daß er ins Gebiet der Sage gehört, bis zu dem großen Geschehen seiner Zeit, dem Freiheitskampf der Griechen gegen die Perser, in dem sich zum erstenmal der freie abendländische Mensch der nivellierenden, die Persönlichkeit verneinenden Großmacht des asiatischen Ostens siegreich entgegenstellte. Es liegt nahe, diese Linie weiter durch die Geschichte zu verfolgen. Vor neun Jahren hat *H. Lietzmann* in einem viel beachteten Aufsatz über Europas wandernde Ostgrenze das allmähliche Zurückweichen Europas gegenüber dem asiatischen Osten und seinen Vorkämpfern herausgearbeitet, über die Einbrüche der Hunnen, Avaren und Mongolen bis zum Vorstoß der russischen Dampfwalze, der im Herbst 1914 bei Tannenberg Einhalt geboten wurde. Er warnte vor dem Tag, da die Ostgrenze Europas wiederum zu wandern beginnen würde, und forderte das Zusammenstehen der europäischen Völker für diesen Tag. Seither ist die Gefährdung Europas vom Osten her neu erstanden, grimmiger und bedrohlicher als jemals in der Geschichte unseres Kontinents. Unserer Generation ist es

5

auferlegt, sie zu bestehen, wenn Europa und alles das, was es in dreitausend Jahren an unvergänglichen Werten für die Menschheit geschaffen hat, Bestand haben soll.

Es ist heute notwendig, die Bedrohungen, die gegen Europa im Verlauf von zwei Jahrtausenden immer aufs neue sich erhoben haben, in ihrem weltgeschichtlichen Zusammenhang zu begreifen. Die gewaltigen Aufgaben, die wir kämpfend und handelnd zu bestehen haben, müssen zugleich auch geistig bewältigt werden. Dazu bedarf es einer Erweiterung unseres geschichtlichen Horizonts über die Grenzen hinaus, die ihm noch im 19. Jahrhundert gezogen waren. Die große deutsche Geschichtsschreibung hat sich in den letzten hundert Jahren unter der Führung Leopold Rankes vorzugsweise auf die Geschichte der germanisch-romanischen Völker- und Staatenfamilie beschränkt, die aus dem Erbe des Römischen Reichs und seines mittelalterlichen Nachfolgers, des ersten Deutschen Reiches, hervorgegangen ist.

Obwohl seit Napoleons Sturz Rußland in den engsten Kreis der europäischen Großmächte trat und in ihm seine erdrückende Macht zur Geltung brachte, haben sich doch klare Vorstellungen von seinem Wesen, seiner geschichtlichen Rolle, seiner Stellung zwischen Asien und Europa nicht in unserem öffentlichen Bewußtsein durchgesetzt. Statt dessen war ein guter Teil der Generation des ersten Weltkrieges in Deutschland durch den russischen Roman und durch blinde Schwärmerei für die Eigenheiten der russischen Seele vergiftet, und diese Vergiftung erreichte, wie erinnerlich, in den ersten Nachkriegsjahren und ihrer tiefgehenden seelischen Zerrüttung den Höhepunkt. Heute sind wir ideologisch gegen solche Gefährdung gesichert. Aber es ist unerläßlich, den Bolschewismus und die imperialistische Politik, die er betreibt, als den Abschluß und die höchste Steigerung einer Reihe von Angriffen des asiatischen Ostens gegen Europa zu sehen, deren endgültige Abwehr die Voraussetzung für das Leben und Gedeihen eines neuen Europa ist.

Hier gilt es zunächst, eine wichtige Unterscheidung zu treffen. Europa ist zeitweilig auch von Vorderasien her in seinem Bestand bedroht gewesen, so zur Zeit der Perserkriege, dann durch die arabische Eroberung und die Ausbreitung des Islam, endlich durch die Türkenkriege des 16. und 17. Jahrhunderts. Aber diese Angriffe sind durchaus anderer Art als die von Hochasien ausgehenden, die über Rußland hinweg Mitteleuropa getroffen haben. In diesen wird eine dämonische, das europäische Wesen schlechthin verneinende und mit Vernichtung bedrohende Macht sichtbar, während jene Vorstöße von Vorderasien aus einer Welt kommen, die mit der europäischen seit ältester Zeit geschichtlich und kulturell eng verbunden ist und zu ihr in keinem unüberbrückbaren Gegensatz steht. Dies gilt es zunächst zu erläutern.

Wenn Herodot den Kampf zwischen Persern und Griechen schlechthin mit dem Kampf Asiens gegen Europa gleichsetzte, so war er sich einer Tatsache nicht bewußt, die erst im letzten Jahrhundert die europäische und zumal die deutsche Forschung wiederentdeckte. Er wußte nicht, daß Perser und Griechen Brudervölker waren, Söhne jenes Titanenvolks der Indogermanen, das seit dem dritten Jahrtausend vor unserer Zeitrechnung, von unserer Heimat ausgehend, die europäischasiatische Welt immer neu in Bewegung gesetzt hat. Der persisch-griechische Kampf gehört darum in die Reihe der großen tragischen Auseinandersetzungen zwischen indogermanischen Brudervölkern, die bis in unsere Zeit reichen.

Die letzten Jahrzehnte haben uns, hauptsächlich auf Grund der Erschließung des Archivs der Hethiterkönige in Kleinasien, dessen Auffindung einer deutschen Expedition 1906/07 gelang, zu der Erkenntnis geführt, daß die Weltreichsgründung der arischen Perser nicht nur ein Neubeginn, sondern zugleich der Abschluß von anderthalb Jahrtausenden indogermanischen Kampfes um Vorderasien war. Wir wissen heute, daß erst das Auftreten der Indogermanen um 2000 die vorher voneinander getrennt lebenden Staaten und Kulturen Vorderasiens und Ägyptens in einen politischen Zusammenhang gebracht hat, dessen Erfüllung dann das persische Weltreich darstellt. Von den großen Strömen Mittelasiens und vom Indus bis zum Ägäischen Meer und zum Nil reichend hat es zum erstenmal die geopolitische Einheit des vorderasiatischen Raums verwirklicht. Im Unterschiede zu den von der hochasiatischen Steppe ausgehenden Großreichsbildungen, etwa der Mongolen, ist das Perserreich dadurch gekennzeichnet, daß es den ihm zugehörigen Völkern nicht nur den festen staatlichen Rahmen, sondern auch ein selbständiges kulturelles Eigenleben zu gewähren wünschte. Eine einheitliche Kultur in ihrem Riesenreich aufzubauen waren die Perser weder willens noch imstande. Diese Aufgabe überließen sie den Griechen, die unter Alexander des Großen Führung das Reich übernahmen und es bis in die fernsten Gegenden mit Pflanzstätten griechischer Kultur bereicherten. Zwar waren die Griechen nicht imstande, den politischen Zusammenhang des Reiches aufrechtzuerhalten. Es zerbrach in Einzelstaaten, und der iranische Osten wurde nach kurzer Zeit unter einem einheimischen Herrscherhaus wieder selbständig. Aber auch hier ging die Saat griechischer Kultur auf und stiftete einen Zusammenhang, den in der Folgezeit keine politische und geistige Umgestaltung mehr auszulöschen vermochte. Als an die Stelle der Griechen die Römer und später die oströmischen Kaiser von Konstantinopel als Herren über die Länder im Osten des Mittelmeers traten, blieb dieser Zusammenhang lebendig.

Im 7. Jahrhundert unserer Zeitrechnung ist aus dem vorderasiatischen Raum die einzige große völkisch-religiöse Bewegung seiner Geschichte hervorgegangen, die weltgeschichtliches Ausmaß erreicht hat. In Mekka trat Muhammed auf mit der Botschaft, daß nur ein Gott und daß er Gottes Gesandter sei. Dieser seiner Botschaft gelang es, das zersplitterte und keiner großen gemeinsamen Unternehmung fähige arabische Beduinentum zu dem ungeheuren Siegeszug instand zu setzen, der es in wenigen Jahrzehnten das einst von den Persern und von Alexander beherrschte Weltreich neu aufrichten und seine Grenzen nach Westen hin über ganz Nordafrika und bis nach Spanien weit überschreiten ließ.

Die tödliche Bedrohung, in die sich damals das christliche Abendland versetzt sah, erklärt es, daß zwischen islamischem und christlichem Bekenntnis, zwischen orientalischer und abendländischer Kultur ein Gegensatz aufstand, der das Bewußtsein der tiefgehenden Gemeinsamkeit zwischen beiden Bereichen nahezu erlöschen ließ. Erst in den letzten zweihundert Jahren, in denen man in Europa wiederum begonnen hat, die vorderasiatische Welt unbefangen und ohne bekenntnismäßige Vorurteile zu erforschen, hat man Schritt für Schritt ihre tiefgehende Gemeinsamkeit mit dem mittelalterlichen Abendland erkannt. Die Verkündung Muhammeds ist ohne christliche Anregungen nicht erklärbar, und die reife islamische Hochkultur des Kalifats von Bagdad im 9. und 10. Jahrhundert knüpft vielfältig an die spätantik-hellenistische Stadtkultur an, deren Ertrag auch im abendländischen Mittelalter fortlebt.

Als die Osmanen Konstantinopel eroberten und in den folgenden Jahrhunderten zweimal, 1529 und 1683, vor Wien zogen, erwachte das Gefühl des abendländisch-morgenländischen Gegensatzes aufs neue. Aber es wäre grundfalsch, sich die damaligen Osmanen als eine kulturlose asiatische Horde vorzustellen. Sie waren vielmehr einerseits jahrhundertelang in die Schule der mit Europa vielfach verbundenen islamischen Kultur gegangen; sie waren anderseits die Erben und Nachfolger des oströmischen Reichs von Konstantinopel, ohne dessen Vorbild der Aufbau ihres Heerwesens und ihrer Verwaltung nicht vorstellbar ist. Dazu kam, daß in den leitenden Stellungen des Osmanischen Reichs in Verwaltung und Heer seit dem 15. Jahrhundert vorzugsweise Männer nichttürkischen Geblüts sich befanden. In der Einsicht, daß ihre eigene Volkskraft nicht genüge, um den Bestand ihres Staates zu sichern, zogen die Osmanen regelmäßig den besten Nachwuchs ihrer christlichen Untertanenvölker — Griechen, Bulgaren, Albanesen, Serben — in ihren Dienst. Es ist daher durchaus folgerichtig, wenn die heutige Türkei, zum Unterschied vom bolschewistischen Rußland, nach ihrem Umweg über die Großmachtbildung und ihrer Rückkehr zum Nationalstaat auf dem alten türkischen Volksboden Kleinasiens sich nicht etwa von Europa abkehrt, sondern jetzt erst recht europäisch sein und zu Europa gehören will.

Aber auch die arabischen Länder, die nach dem ersten Weltkrieg aus dem Verbande des Osmanischen Reichs ausgeschieden sind, und Iran gehören nicht zu dem eigentlichen, von Europa abgekehrten Asien, sondern sind mit uns weiterhin in einer Weise verbunden, die sich heute deutlich als Kampf- und Schicksalsgemeinschaft kennzeichnet. Denn seit der britischen Eroberung von Indien und seit der Ausrichtung der britischen Politik auf die Sicherung Indiens und des Weges dorthin sind diese Länder und Völker dem gleichen Geschick unterworfen wie Europa. In Europa hat England ein Gleichgewicht der Kräfte zu schaffen versucht, das tatsächlich deren gegenseitige Aufhebung und damit die Ohnmacht und Aktionsunfähigkeit Europas bedeutete, zugunsten der unbehinderten britischen Herrschaft über die Meere und die außereuropäische Welt. Dies europawidrige Gleichgewicht der Kräfte, das heute beseitigt ist und nicht wiederkehren wird, hat seine genaue Entsprechung in der Zersplitterung der nahöstlichen Welt, die England seit dem ersten Weltkrieg betrieben hat, um auch dort zu teilen und zu herrschen. Durch sein Bündnis mit dem Bolschewismus und seine Selbstpreisgabe an Amerika ist England während des gegenwärtigen Krieges dazu gezwungen worden, diesen beiden Partnern den Zugang zum Nahen Osten und zu seiner wirtschaftlichen Ausbeutung freizugeben. Gleichzeitig ist durch die britische Politik die Judenfrage für die nahöstliche Welt ebenso brennend und dringlich geworden wie für Europa. Zu einer Abwehr dieser Feinde, gegen die auch Europa zu kämpfen hat, sind freilich die nahöstlichen Völker aus eigener Kraft nicht in der Lage. Sie sind hinter der ungeheuren Bevölkerungssteigerung Europas im Zeitalter der Industrialisierung weit zurückgeblieben und haben auf absehbare Zeit keine Aussicht, sie auch nur annähernd einzuholen. Die Gesamtbevölkerung der Länder von der Türkei und von Ägypten bis nach Afghanistan ist geringer als die des Großdeutschen Reichs, obwohl der von ihnen besiedelte Raum das Dreizehnfache desselben beträgt. Das Geschick dieser Völker wird daher nicht auf ihrem Boden entschieden, sondern auf den Schlachtfeldern, auf denen das neue Europa erkämpft wird. So ist das Geschick des Nahen Ostens heute mit Europa so eng verbunden, wie nur jemals seit 3000 Jahren.

Die Türken, die das Osmanische Reich aufbauten und damit das oströmische fortsetzten, sind von Hochasien ausgegangen und seit dem 9. Jahrhundert in der islamischen Welt so in die militärische und politische Führung gelangt, wie in den vorangegangenen Jahrhunderten die Germanen im weströmischen Reich. Sie gehören also mit den Hunnen, Avaren und Mongolen herkunftsmäßig zusammen. Aber mit ihrem Eintritt in die islamische Kultur und auf oströmischen Boden wurden sie in die europäisch-vorderasiatische Zusammengehörigkeit einbezogen.

Für die Nomaden und Reiter aus den hochasiatischen Steppen, die in der Folge der Jahrhunderte westwärts vorgestoßen sind, ist Vorderasien gewissermaßen das Klärbecken, durch das ihre Anpassung an europäisches Wesen vorbereitet wird. Ein solches Klärbecken — und es ist wichtig, dies zu erkennen — gibt es auf dem unmittelbaren Wege von Innerasien über Rußland nach Mitteleuropa nicht. Darum ist die Bedrohung des Abendlandes von dieser Richtung her eine so viel unmittelbarere und größere. Seit dem 2. Jahrhundert vor unserer Zeitrechnung, als unter der Han-Dynastie das chinesische Reich sich festigte und durch den großartigen Bau seines Nordwalls, die Große Mauer, die Nomaden der äußeren Mongolei von seinen Grenzen abwehrte, wurde deren Stoßkraft nach dem Westen abgelenkt. Von nun an kann man verfolgen, wie ihre ebenso rasch aufsteigenden wie zusammensinkenden Staatsbildungen sich stoßweise nach Westen vorarbeiten, wo sie in ungehindertem Vordringen bis zur Wolga, zum Don und darüber hinaus ihre Vorposten entsenden. Wir stehen noch heute unter der Suggestion, daß das sogenannte europäische Rußland bis zum Ural, zum Kaukasus und zum Schwarzen Meere, der einheitliche Raum des „russischen" Volkes wäre. Tatsächlich ist das Wolgagebiet erst im 16. Jahrhundert, das Schwarzmeergebiet im ausgehenden 18. Jahrhundert unter moskowitische Hoheit gekommen und in dem bis dahin rein asiatischen Kaukasien hat die Russifizierung erst im 19. Jahrhundert eingesetzt. Bis in die neueste Zeit gehörte also der größte Teil des östlichen und südlichen Rußland mit Asien zusammen — und anders ist es seit 2000 Jahren nie gewesen.

Im 9. Jahrhundert unserer Zeitrechnung wurden von schwedischen Warägern die ältesten Staaten Westrußlands, der nördliche von Nowgorod, der südliche von Kiew am Dnjepr, begründet. Die nordgermanische Leistung für die Anfänge der politischen Gestaltung Westrußlands war also groß, und doch darf sie nicht überschätzt werden — die germanische Herrenschicht ist rasch vom Slawentum aufgesogen worden. Die älteste russische Geschichtsüberlieferung stammt aus der Zeit, nachdem aus vorwiegend politischen Gründen das Christentum von Konstantinopel her in Rußland eingeführt war. Da diese Überlieferung durchweg von Geistlichen herrührt, richtet sie den Blick einseitig auf die Zusammenhänge mit Konstantinopel und läßt nur ganz ungenügend die ebenso bedeutsamen Zusammenhänge erkennen, die den Kiewer, später den Moskauer Staat mit ihren östlichen Nachbarn verbinden.

Schon zweihundert Jahre vor der warägischen Staatsgründung bestand an der unteren Wolga der türkische Staat der Chazaren und, von ihm nordwärts abgedrängt, der Staat der Bulgaren, die wir, im Unterschied von ihren an die Donau abgewanderten und dort rasch slawisierten Vettern, Wolgabulgaren nennen. Ihre Hauptstadt Bulgar erhielt sich als reicher Handelsplatz bis ins 13. Jahrhundert, wo sie von den Mongolen zerstört wurde, während der Staat der Chazaren schon im zehnten Jahrhundert den Schlägen der Russen von Kiew erlag, ohne daß es diesen möglich gewesen wäre, ihre Herrschaft bis zur Wolga zu festigen. Sowohl der chazarische wie der bulgarische Staat sind in ihrem Wesen von denen des damaligen Europa durchaus unterschieden. Gleich anderen Staatsgründungen hochasiatischer Nomaden sind sie wesentlich auf die militärisch gesicherte Ausbeutung von einträglichen Handelsverbindungen ausgerichtet, in diesem Falle des bedeutenden Handels, den die Wolga zwischen den Ostseeländern auf der einen, dem Kalifat und Mittelasien auf der anderen Seite vermittelte. Die Leistung des Staates erschöpft sich in der Ausbeutung der wirtschaftlichen Leistungen seiner Untertanen, ermöglicht durch straffe militärische Organisation und scharfe polizeiliche Überwachung.

In größten Ausmaßen wiederholt sich dieser Staatsaufbau im mongolischen Weltreich des 13. Jahrhunderts, das ganz Rußland bis zur Düna und zum Dnjestr einbezog und nach seinem Zerfall hier das Chanat der Goldenen Horde mit dem Zentrum an der unteren Wolga zurückließ. Die ausschlaggebende Bedeutung, die der 250jährigen Mongolenherrschaft in Rußland vom 13. bis 15. Jahrhundert für die Gestaltung des Moskauer Staats und seines Volks zukommt, ist stets gesehen und auch von den großrussischen Historikern zugestanden worden. Wie Moskau in vormongolischer Zeit durch seine günstige handelspolitische Lage auf dem Wege zwischen Nowgorod und der erwähnten Bulgarenhauptstadt an der Wolga groß wurde,

so haben seine Großfürsten ihren Machtaufstieg seit dem 14. Jahrhundert hauptsächlich als Kreaturen und Sachwalter der mongolischen Chane angetreten, bis sie stark genug waren, deren Joch abzuschütteln und von diesem Augenblick an vollends das Erbe ihrer Staatsführung anzutreten. In der Durchsetzung uneingeschränkter Selbstherrschaft des Zaren, in der Beseitigung aller neben ihr selbständig sich regenden Kräfte, in der Umwandlung des Staates in einen allumfassenden Polizeiapparat — in diesen Eigentümlichkeiten des Moskauer Staates wird es offenkundig, wie unmittelbar er sich an das mongolische Vorbild anschließt. Aber es ist nicht richtig, daß die Mongolenzeit Rußland für eine Weile seinem Zusammenhang mit Europa entfremdet hätte, um es dann mit ihrem Ausgang an Europa zurückzugeben. Rußland hat nie anders als scheinbar oder in einer hauchdünnen Oberschicht zu Europa gehört, und seine Geschichte seit dem 16. Jahrhundert ist die Geschichte des immer wiederholten, ebenso qualvollen wie ergebnislosen Versuchs, Rußland und das russische Volk nachträglich in Europa einzubürgern. Sieht man dies, so sieht man auch die Tragik des Vorgangs, daß in den letzten 200 Jahren fortwährend deutsche Bauern und Kolonisten, deutsche Soldaten und Lehrer, deutsche Staatsmänner und Organisatoren nach Rußland hinübergingen: sie waren weder imstande, durch ihre Arbeit Rußland innerlich mit Europa zu verbinden, noch bedeutete ihr Auftreten einen Gewinn für die deutsche Sicherung gegen den Osten, die nach ihrem großartigen Aufschwung im Mittelalter vorzeitig abgebrochen worden war.
Immer deutlicher ist es erkennbar geworden, daß das europäische Rußland einer feststehenden geopolitischen Gesetzmäßigkeit unterworfen ist. Von Moskau aus in allen Himmelsrichtungen vorstoßend, befindet sich der

russische Imperialismus auf der „Jagd nach der Grenze", die ihn mit Notwendigkeit zu den warmen Meeren mit eisfreien Häfen führt. Wo immer aber er ans Meer gelangt, findet er ein Binnenmeer vor, in dem er sich eingesperrt fühlt und aus dem hinaus er weiterstrebt. So hat sein Vorstoß an die Ostsee die notwendige Folge, daß er über sie hinaus, sei es durch ihre natürlichen Ausgänge, sei es über Skandinavien hinweg, zur Nordsee und zum Atlantischen Ozean drängt. So tauchte im gleichen Augenblick, da er das Schwarze Meer erreicht hatte, das Verlangen nach Konstantinopel und den Meerengen auf. Auch bei seinem Marsch nach Sibirien stieß er im Osten auf das vom japanischen Inselreich eingeschlossene Binnenmeer. Das erklärt den fieberhaften, in allen Richtungen bald hier, bald dorthin ausgreifenden Ausdehnungsdrang des Moskauer Imperialismus, dem eine jede russische Staatsführung, sie sei im übrigen geartet wie sie sei, früher oder später verfällt. Es ist kennzeichnend, daß der heutige Tyrann des Ostens, Stalin, seit dem Augenblick, da er nach 30jährigem Kampf alle Mitbewerber um die erste Stelle im Staat beiseite gedrängt oder vernichtet hatte, diesen imperialistischen Kurs aufnahm, als echter Vertreter des großrussischen Chauvinismus, als den ihn schon Lenin kurz vor seinem Tode gekennzeichnet hat.

Dem Moskauer Imperialismus ist es auch gelungen, die Weiten Innerasiens, die sich zuvor jeder dauerhaften politischen Gestaltung von innen oder von außen her entzogen hatten, sich fest anzugliedern und ihre bedeutenden Naturschätze für sich nutzbar zu machen. Damit ist die Gefahr, die er für Europa bedeutet, weiter gesteigert worden. Es gibt offensichtlich für das osteuropäische Niemandsland, das wir Rußland nennen, nur zwei Möglichkeiten. Entweder ist es, mit Moskau als Mittelpunkt, ein selbständiges Machtgebilde: dann bedeutet es die früher oder später tödliche Gefährdung Europas. Denn es steht vor der einfachen Frage, ob es zunächst Europa niederzwingen soll, um mit Hilfe der dort zu rekrutierenden Sklavenarmeen den Kampf um die großen, lohnenden imperialistischen Ziele im Osten, Indien und China, aufzunehmen, oder ob es Asien zum Endkampf gegen Europa führen soll. Die andere Möglichkeit ist diese, daß es Europa zugeordnet und mit seinen Interessen verbunden wird: dann bedeutet es die endgültige Sicherung Europas gegen den Druck außereuropäischer Mächte, sei es in politischer, sei es in wirtschaftlicher Hinsicht. Daraus folgt die Aufgabe, die dem geeinten Europa gestellt und die von Deutschland zuerst erkannt und in Angriff genommen worden ist.

Fragen wir noch, was es eigentlich zu schützen gilt, wenn die Ostgrenze europäischer Kultur bedroht wird, und wer sie zu schützen vermag. Beide Fragen beantworten sich ganz einfach. Das, was es heute wie einst zu schützen gilt, ist der *Mensch* — der Mensch, wie ihn Europa ausgebildet hat, wie er zuerst als Grieche in die Erscheinung getreten ist und dann im mittelalterlichen Deutschtum seinen Beruf im Osten verstanden hat. Es ist der Mensch, der nicht in die Weite auszieht, um Schlaraffenländer zu suchen, sondern der für sich und seine Kinder in Freiheit sinnvolle Arbeit tun will. Gegen ihn hat sich heute die gestaltlose und gestaltvernichtende Macht des Ostens mit dem von Europa abtrünnig gewordenen Angelsachsentum auf der Insel und jenseits des Ozeans zum unnatürlichsten Bunde vereinigt. Um seine Erhaltung und sein Leben geht unser Kampf.

Und wer ist zum Schutz der Grenze berufen? Unsere indogermanischen Vorfahren vor 4000 Jahren waren

2

es noch nicht: das zeigt ihre Abwanderung nach Vorderasien, Iran, Indien und bis nach China, wo sie für Europa verlorengingen. Auch unsere germanischen Vorfahren in späterer Zeit haben die großen Aufgaben im Osten noch nicht gesehen: das erste Gotenreich in Rußland im 4. Jahrhundert war zu schwach, um dem Stoß der Hunnen von Hochasien her Einhalt gebieten zu können, und die schicksalsvolle Abwanderung der Germanen aus den Ländern an Oder und Weichsel ermöglichte erst die westliche Ausbreitung der Slawen bis zur Elbe und darüber hinaus, die ihrerseits wesentlich unter dem Druck oder unter der Führung des östlichen Steppenvolkes der Avaren erfolgt ist. Erst die Deutschen haben seit dem Beginn ihrer gemeinsamen Volksgeschichte ihren Beruf im Osten verstanden — und erst auf dem weltgeschichtlichen Hintergrund, den wir anzudeuten versucht haben, wird die größte Gesamtleistung des deutschen Volkes in seiner älteren Geschichte, die deutsche Ostkolonisation, in ihrer vollen Bedeutung begreifbar. Ihr Niedergang begann, als das Reich sich auflöste und sein starker Rückhalt den Kolonisatoren verlorenging. Mit der Wiederaufrichtung des Reiches hat sich die Aufgabe neu erhoben: an ihre Erfüllung, an die heute alle Kräfte des Deutschtums gesetzt werden, ist das Dasein unseres Volkes und seine Stellung im neuen Europa gebunden.

Staufische Ostpolitik

Von

Arthur Diederichs

Mit dem Geschlecht der Hohenstaufen verbinden wir die Erinnerung an die glanzvollste Epoche deutscher Reichsgeschichte, die in der Blüte deutscher Ritterkultur, in einer unvergänglichen Baukunst, Plastik und Dichtung gipfelte. Wir erinnern uns bei ihrem schicksalsschweren Namen an gewaltige Kämpfe gegen das alle staatliche Selbständigkeit zu vernichten drohende Papsttum, und damit an eine lange Reihe ruhm-, aber auch opferreicher Italienzüge. Jedoch ist in weitesten Kreisen fast unbekannt, wie bedeutsam der Anteil der Staufer an der großen Tat der Ostausbreitung unserer Vorfahren war, die uns weite Lebensräume eroberte, sicherte, mit deutschem Volk besiedelte, deutschen Städten überzog und mit deutschen Kulturleistungen erfüllte.

„Die deutsche Politik in Vergangenheit und Gegenwart wird gern nach der Windrose aufgeteilt und ihre ‚Berechtigung‘ daraus abgeleitet, daß sie sich in einer bestimmten Himmelsrichtung bewegt habe. Doch dürfte es nicht leicht fallen, die Staufer in diesem Schema unterzubringen. Denn ihre Politik erstreckte sich nach dem slawischen, böhmischen und babenbergischen Osten, ebenso wie nach dem angelsächsischen, französischen und lothringischen Westen, dem burgundisch-arelatischen Südwesten, dem lombardischen und islamischen Orient... Es ist unmöglich, die staufische Politik ohne Gewaltsamkeit auf eine bestimmte Himmelsrichtung festzulegen. Sie handelte *aus den jeweiligen Gegebenheiten,* die stets neue und andere Entschlüsse nötig machten" (W. Hotz).

Und diese zumal bei den mittelalterlichen Verkehrsverhältnissen unfaßbare Vielfalt und Weiträumigkeit des politischen Wirkens der Staufer entsprang nicht

2*

etwa einer Uneinheitlichkeit, Sinn- und Ziellosigkeit ihres Willens, einer abenteuernden, schweifenden Zerfahrenheit ihrer Entschlüsse. Sie ergab sich vielmehr zwangsläufig aus der den Staufern von den Karolingern, Sachsen und Saliern mit der Reichskrone überkommenen gewaltigen Pflichtenlast. War doch die germanische, das römische Imperium ablösende Reichsidee nach ihrem religiösen Gehalt, ihrer weltlichen Macht- und Ausdrucksfülle sowie ihrer schöpferischen Leistung das bedeutsamste, ehrwürdigste und erhabenste staatliche Ordnungsgebilde, das die Weltgeschichte kennt.

Nur eine allseitige Erfassung und Berücksichtigung der weltanschaulichen Grundlagen, verfassungsmäßigen Voraussetzungen, raumpolitischen Gegebenheiten und der unberechenbaren Einzelschicksale — jäher, früher Tod der Herrscher in entscheidungsvollen Stunden! — vermag die Möglichkeiten und Leistungen der staufischen Kaiserpolitik sinnvoll zu beurteilen. Nur so ist das Verhalten der Staufer gegenüber jedem einzelnen von ihnen gemeisterten Problem — Rompolitik, Ostpolitik, Kreuzzüge, innere Verfassungs- und Kirchenpolitik — in dem spannungsreichen, weiten Kraftfeld der Reichsführung am richtigen Ort mit richtigem Maßstab einzuordnen.

Die Salier hatten aus ihrem verzweifelten Widerstand gegen den Vorstoß der Kurie, die seit Gregor VII. mit aller Macht den umstürzlerischen, hierarchischen Anspruch auf die Oberleitung der abendländischen Christenheit zu verwirklichen suchte, den Staufern eine unausrottbare Idee vererbt, die man mit einem späteren Ausdruck als „ghibellinisch" bezeichnen kann (v. Hofmann). Der kaiserlich-päpstliche Entscheidungskampf, der schließlich von Sizilien bis zum Baltikum mit höchster Anspannung aller Kräfte ausgetragen wurde, nahm selbstverständlich innerhalb der staufischen Gesamtpolitik einen beherrschenden Platz ein. Nach dem umwälzenden Ereignis von Canossa, dieser symbolischen Schicksalswende unseres Königtums, war die Stellung und Kraft der königlichen Macht furchtbar geschwächt. Nirgends trat diese Schwäche aber so sehr und mit so verhängnisvollen Folgen in Erscheinung als an der deutschen Ostfront von der Elbmündung bis zur böhmischen Grenze. Dort hatte der Widerstandsgeist sächsischer Lokalgewalten — nie des geschlossenen sächsischen Stammes! —, die schon unter Otto dem Großen gegen eine königliche Zentralgewalt aufbegehrten, unter Heinrich II. sogar den Daseinskampf des Reiches gegen Polen gelähmt. Sie hatten die Festsetzung salischer Herrscher auf dem umfangreichen, wertvollen liudolfingischen Königsgut im und rings um den Harz zur Zeit Heinrichs III. murrend beobachtet, seit Heinrich IV. sich gegen das salische Haus im engsten Bündnis mit der Kurie erfolgreich empört. Sie hatten so das deutsche Königtum überhaupt schwer erschüttert, insbesondere aber dessen Einfluß im sächsischen und thüringischen Grenzraum so gut wie ausgeschaltet. Die Folge war, daß das Zeitalter des Territorialfürstentums gerade an der zukunftsreichen deutsch-slawischen Ostfront zum Schaden des Reiches am frühesten anbrach und sich dort am rücksichtslosesten durchsetzte.

Der größte Förderer und Nutznießer dieser Entwicklung, der obsiegende sächsische Reichsrebell Lothar von Supplinburg, wurde 1138 Träger der Reichskrone und gewann nun selbst ein Interesse an der Stärkung der Königsmacht, die, wie er hoffte, nach seinem Tode auf seinen welfischen Schwiegersohn, Heinrich den Stolzen, übergehen würde. Das besserte freilich an dem Ablauf des der königlichen Gewalt so ungünstigen

Geschehens in Sachsen nichts. Im Gegenteil: denn Heinrich der Stolze wurde durch dieselben fürstlich-kurialen Wahlschliche, die einst seinen Schwiegervater zuungunsten des rechtmäßigen Erben der salischen Könige, des Staufers Friedrich II. von Schwaben, auf den Thron gebracht hatten, durch den Staufer Konrad III. verdrängt. Der verhängnisvolle Dualismus der Staufer und Welfen mußte die königliche Zentralgewalt von nun an also naturgemäß bei jedem Eingriff, den sie im Osten versuchte, in einen hartnäckigen, anfangs ihre Grundlagen selbst gefährdenden Kampf mit den Welfen bringen, die die Herzogswürde in Sachsen und Bayern innehatten, und deren Machtbereich sich von der Nordsee bis an die Tore Roms erstreckte.

Wie heikel die Rolle eines staufischen Königs bei den gegebenen Machtverhältnissen im Reich, wie schier hoffnungslos sie im Osten war, zeigte sich während der schwachen Regierungszeit Konrads III. (1138 bis 1152) in vollem Ernste. Aber schon die von ihm unternommenen Versuche zu einer Wiederherstellung der zusammengebrochenen deutschen Königsmacht im deutschen Ostraum waren von größter Tragweite. Um die durch Lothar herbeigeführte Vereinigung von zwei Herzogtümern in der Hand Heinrichs des Stolzen wieder rückgängig zu machen, setzte Konrad nach Ächtung des widerstrebenden Heinrich in Sachsen den alteingesessenen Nebenbuhler der erst durch Heiraten als Neulinge ins Land gekommenen Welfen, den Askanier Albrecht den Bären, als Herzog ein. Ferner übertrug er die bayrische Herzogswürde seinem Halbbruder, Leopold Heinrich Jasomirgott, aus dem berühmten ostmärkischen Geschlechte der Babenberger. Durch diese, wenn auch in Sachsen fehlschlagende, in Bayern noch einer endgültigen Regelung bedürfenden Maßnahmen hatte Konrad erreicht, daß er der dem staufischen Königtum gefährlichsten, ihm an der Ostfront das Wirkungsfeld versperrenden welfischen Territorialmacht in Sachsen wie in Bayern ehrgeizige, zähe Rivalen in Nacken und Flanke gesetzt hatte, die später als staufische Parteigänger eine wichtige Rolle im Rahmen der königlichen Ostpolitik spielten.

Friedrich Barbarossa, der als Thronfolger das schwierige Erbe seines Oheims Konrads III. übernahm, ist bis in die jüngste Gegenwart oft genug vorgeworfen worden, daß er nicht von Beginn seiner Regierung an die Stärkung der deutschen Königsgewalt lediglich mit Machtmitteln aus deutschem Boden und im deutschen Raum durch Unterwerfung der starken und leicht aufsässigen Fürsten, vor allem des mächtigen Welfen, erstrebt habe. Damit gleichzeitig, heißt es, hätte dann die gesamte Ostbewegung unseres Volkes unter einheitlicher Leitung des Reiches selbst in größter Geschlossenheit mit Waffengewalt gegen die slawischen Oststaaten zu durchschlagendem, dauerndem Erfolge geführt werden können. Einen Realpolitiker wie Friedrich mußte aber gerade das verhängnisvolle Beispiel Konrads III., der ja „auf eine unmittelbare Niederzwingung und Zusammenschweißung der bedrohlichen Stammesgewalten mit unzulänglichen Machtmitteln hinarbeitete" (H. H. Jacobs), deutlich genug abschrecken. Woher nämlich Friedrich, der bei seinem Regierungsantritt an realer Macht wenig genug besaß, die für einen so gefährlichen Bürgerkrieg gegen den seine Sonderrechte stets eifersüchtig verteidigenden deutschen Hochadel erforderlichen Kräfte hätte hernehmen sollen, ist völlig unersichtlich.

So hat sich denn auch der entschlossene und anpassungsfähige Schwabe Barbarossa, an dessen Hausgut im deutschen Südwesten nach seiner Heirat mit Beatrix sich reiche Besitzungen im Burgund, diesem Schlüsselgebiet für die Vorherrschaft im Abendland, anschlossen, an der Front des für ihn bei weitem geringsten Widerstandes und größter Erfolgsaussichten, nämlich in Oberitalien, die Grundlagen seiner bald auch auf Deutschland zurückwirkenden, schließlich gewaltigen europäischen Machtstellung verschafft.

Entscheidend für die innere Stärkung des deutschen Königtums war der geniale und kühne Entschluß Barbarossas, den die deutschen Kräfte lähmenden und vor allem an der Ostfront zermürbenden Streit mit dem welfischen Hause durch weitgehendes Entgegenkommen beizulegen. Als Sohn einer Welfin und Vetter des jungen Heinrich des Löwen waren bei seiner von Mit- und Nachwelt bewunderten Begabung der Menschenbehandlung in ihm alle Voraussetzungen gegeben, die ungemein schwierige Einigung einzuleiten und für ein Vierteljahrhundert segensreichen Wirkens zu erhalten. Das wichtigste Ergebnis der jeden Konfliktstoff beseitigenden territorialen Abgrenzung zwischen der staufischen und welfischen Macht- und Interessensphäre waren, daß Heinrich dem Löwen die Herzogswürde in Bayern und Sachsen zuerkannt wurde. Er gelangte dadurch, fest und breit gestützt auf das umfangreiche Erbe aus supplinburg-welfischem Eigenbesitz, zu einer überragenden Machtstellung im Nordosten. Heinrich wußte sie zum Aufbau einer Territorialmacht von königlichem Ausmaß — und in den Slawenlanden auch fast königlicher Selbständigkeit — auszunutzen.

Am weitesten kam der Kaiser seinem Vetter durch die Übertragung des königlichen Investiturrechts für die neugegründeten Bistümer Oldenburg (später Lübeck), Ratzeburg und Mecklenburg (später Schwerin) entgegen. Diese Nachgiebigkeit Friedrichs war um so erstaunlicher, als gerade er so eifrig und erfolgreich bestrebt war, den Einfluß der Krone auf die Reichskirche zu stärken. In Heinrichs Kolonialgebiet gab es demnach nur Landes- und keine Reichsbischöfe — eine Sonderregelung, der der Papst schon frühzeitig, noch vor der Billigung des Kaisers, zugunsten des Löwen zugestimmt hatte, da er jede Einengung des Herrschaftsbereichs der zur Zeit Barbarossas so kaiserlich gesinnten deutschen Reichskirche nicht ungern sah.

Wie wirksam der kaiserliche Schutz für den Löwen war, zeigte sich, als Friedrich im Rahmen seiner die Nordostfront möglichst befriedenden und dort *einer* Macht den Vorrang einräumenden Ordnungspolitik mit allem Nachdruck für eine Beilegung jener den Welfen tödlich bedrohenden Kämpfe sorgte, die infolge der ausgedehnten Fürstenverschwörung des Jahres 1166—1167 ausgebrochen waren. An ihr hatten fast sämtliche Grenzmächte des Ostens unter der Leitung Reinalds von Dassel teilgenommen, der schon zehn Jahre vor dem Kaiser selbst eine Auseinandersetzung zwischen der staufischen Reichsführung und der welfischen Herzogsmacht anstrebte.

Jedoch selbst in der Epoche bester Beziehungen zu seinem Vetter hielt Friedrich stets daran fest, daß „sämtliche Schritte Heinrichs auf den Willen des Kaisers und der Rechtfertigung durch ihn beruhten". Der Löwe hat also, wie E. Maschke weiter hervorhebt, seine Ostpolitik letzten Endes nicht nur im Dienste am Reich, sondern auch im Auftrage des deutschen Königs durchgeführt. So hat er 1160 über die Slawen die Reichsacht ausgesprochen, also ganz sichtlich ein königliches Recht vertreten. Heinrich hat daher auch in der Einsetzung eines Vogtes für die deutschen Kaufleute auf Gotland (1161), also gerade in einem Dokument, das die Reichweite seiner Macht im Ostseeraum bezeugt, als Vertreter des Königs gehandelt: „bewußt ließ Friedrich I. den stärksten norddeutschen Fürsten auch die königlichen Aufgaben durchführen, die des Herzogs Ansehen wiederum noch weiter stärkten" (Fr. Rörig). Und so bleibt es bei E. Maschkes abschließendem Urteil: „Nur von der Tatsache her, daß Friedrich in dem Welfenherzog den Vertreter des Königs im Nordosten sah, wird es verständlich, daß er sich in der vielfachen Fehde Heinrichs mit den sächsischen Fürsten immer wieder auf die Seite seines Vetters stellte; es ging nicht nur um persönliche Rücksicht, sondern um die Aufgaben und Rechte des Reiches."

Wir wissen, daß Friedrich im Zuge seines Ausgleichs mit den Welfen seinem Vetter Heinrich auch das Herzogtum Bayern überlassen hatte — jedoch mit einer sehr wichtigen und folgereichen Einschränkung: Heinrich mußte zugunsten der Babenberger auf das bisher zum bayrischen Herzogtum gehörende Österreich verzichten. Der umsichtige Rotbart trieb also im Südosten eine Politik wohlabgewogener Kräfteverteilung, indem er dort dem mächtigen Welfen das neugeschaffene babenbergische Herzogtum, das durch das berühmte „privilegium minus" eine ebenso unabhängige Stellung im Reich einnahm wie das welfische Territorium im Nordosten, als kräftige, selbständige Macht in den Rücken setzte. Damit verschloß er Heinrich hier den Weg nach Osten und Süden.

Die bayrisch-österreichisch-babenbergische Lösung war die südöstliche Ergänzung der sächsisch-welfischen. Beide reformierten von Grund auf die schwierigen, oft die Leistungsfähigkeit weiter deutscher Landschaften durch inneren Hader lähmenden Verhältnisse im Osten. Sie bildeten zugleich den Kern der gesamten Machtverteilung zwischen Königtum und Fürstentum

26

im staufischen Reiche und entsprachen der sich organisch anpassenden, nicht systematisch konstruierenden Politik Barbarossas.

Eine besondere Bedeutung erhielt die staufische Südostpolitik durch die bereits seit Konrad III. angeknüpften Verwandtschaftsbeziehungen seines Hauses zu den neben den Staufern und Welfen an die vornehmste Stelle unter den deutschen Dynastien rückenden Babenbergern. Seitdem die Tochter des Saliers Heinrich IV., Agnes, aus ihrer ersten Ehe mit dem staufischen Ahnherrn Friedrich v. Büren Stammutter der Staufer, durch ihre zweite Ehe mit dem Markgrafen Leopold III. nun auch die der Babenberger geworden war, wurden die Schicksale beider großer Geschlechter auf das engste miteinander verbunden. Beide Häuser dehnten ihre Verwandtschaftspolitik auch auf die großen östlichen Nachbarstaaten Böhmen, Polen und Ungarn aus. Dadurch erfolgte eine wesentliche Stärkung des deutschen Kulturelementes in diesen Ländern, die der deutschen Ostsiedlung sehr zugute kam.

In Böhmen traten die Staufer das Erbe der Salier an, von denen Heinrich IV. Böhmen als politisches Kraftfeld gegen seine päpstlich gesinnten Gegner in Sachsen und Österreich genutzt hatte. Die Beziehungen Böhmens zum Reich wurden durch die ehelichen Verbindungen zwischen Staufer-Babenbergern und den Przemysliden so eng, daß es schließlich ganz in den Reichsverband hineinwuchs, und seine Herrscher die vornehmste Stelle unter den Reichsfürsten einnahmen. Die böhmische Heeresmacht leistete Friedrich I. gute Dienste in Italien und vor allem gegen das unbotmäßige Polen. So konnte er 1157 den erfolgreichsten aller je von deutschen Kaisern unternommenen polnischen Feldzüge mit Unterstützung der Przemysliden und der

Babenberger führen, in dem sich die Wirksamkeit des österreichisch-böhmisch-mährischen Blockes unter staufischer Leitung glänzend erwies. Mit welchen Widerständen, vor allem in Sachsen, aber auch von Österreich her hatten früher Heinrich II. und die Salier ihre Kriege, sei es gegen Polen oder Ungarn, beginnen müssen! Das Ergebnis des Feldzuges Barbarossas, den Ranke das glücklichste kriegerische Unternehmen des Staufers nennt, war die dauernde Sicherung Brandenburgs, Pommerns und Schlesiens für die deutsche Kulturarbeit. Schlesien wurde von Polen gelöst, unter deutschgesinnten Fürsten den schnell einströmenden deutschen Siedlerscharen weit geöffnet und in wenigen Generationen ein deutsches Land. Durch diesen deutschen Keil zwischen Böhmen-Mähren und Polen war der unter Heinrich II. bestandenen Riesengefahr einer Vereinigung beider großer Slawenländer für alle Zukunft am wirksamsten vorgebeugt.

Wie der Tag von Besancon (1157) und seine Auswirkungen die umwälzende Veränderung der Stellung des Reiches zur Kurie offenbarte, so der sieg- und folgenreiche Reichsheereszug gegen Polen die nicht minder entscheidende Besserung der Rolle, die das deutsche Königtum im Osten spielte. Diese Erfolge hoben das Ansehen der Reichsführung in aller Welt gewaltig. Sie waren vorwiegend der Reform Barbarossas zu verdanken, die in Deutschland durch eine glückliche Reichskirchenpolitik das deutsche Episkopat wieder fast geschlossen, zuverlässig und treu an die Seite der Krone treten ließ, und die von dem lähmenden inneren Kampf gegen die stärkste weltliche Fürstengruppe, die Welfen, abließ. Die Krone verstand in überlegener Meisterung, wenn auch heikler Vereinbarungen, die Kraft der Nation wieder für große Aufgaben im Süden und Westen sowie vor allem in dem seit je besonders schwer zu leitenden Osten zusammenzufassen und einzusetzen. Seine wahrhaft königliche Natur machte Friedrich zur idealen Kaisergestalt seines ritterlichen Zeitalters und zum geborenen obersten Lehnsherrn der sozial so unabhängigen und verfassungsmäßig fast nur noch durch das lehnsrechtliche Band der Gefolgschaftstreue dem Reichsoberhaupt verpflichteten deutschen Hocharistokratie.

Seine innerdeutsche Verfassungsreform — Sieg des Lehnsrechts — war ganz und gar erfüllt vom echten germanischen Geist des Hochmittelalters und stand im strikten Gegensatz zum modernen „anstaltsmäßigen" wie zum antiken römischen Staatsbegriff. Die der königlichen Zentralmacht zwar seit langem gefährliche, aber nach dem unglücklichen Ausgang des Investiturstreites nicht mehr aufzuhaltende Territorialbildung „sollte in den lehnsrechtlichen Gesamtaufbau des Reiches eingeordnet werden. Indem die auseinanderstrebenden Einzelkräfte in der Lehnshierarchie neu gebunden wurden und nirgends ein einseitiges Übergewicht mehr möglich wurde, sollte das Königtum als die Spitze dieses Systems auf neuen Rechts- und Machtmitteln neu gegründet werden" (E. Maschke). Mit Hilfe dieses behutsam zu handhabenden, keineswegs starren und zwangsläufigen, sondern ungemein biegsamen, in seiner Brauchbarkeit gänzlich von der Hand und Macht der mit ihm umgehenden Herrscherpersönlichkeit abhängigen Regierungsinstrumentes verstand es Friedrich meisterhaft, die schwer lenkbaren deutschen Ostgewalten nach dem kaiserlichen Ordnungs-, Befriedungs- und Einigungswillen zu leiten.

In Ergänzung, ja zur wirksamen Anwendung dieses persönlich-autoritativen, nicht direkt über Land und Leute verfügenden Herrschaftsmittels hat dann Friedrich planvoll und zähe mit glänzendem Erfolg dem

Königtum erheblichen Machtzuwachs durch „die Umgestaltung und Vergrößerung des Reichs- und Hausgutes nach Art der sich eben entwickelnden Landesherrschaften" (J. Bühler) verschafft, das er zur höchsten Nutzbarkeit und übersichtlichen Verfügbarkeit in straffe, einheitliche Verwaltung nahm.

In unmittelbarem Zusammenhang mit seiner umfassenden Erwerbstätigkeit standen die einen hervorragenden strategischen und geopolitischen Blick verratenden militärischen Sicherungs- und Schutzmaßnahmen des Kaisers, die ein wohldurchdachtes Burgensystem schufen. Bekannt ist, daß der Vater des Rotbart, Herzog Friedrich II. von Schwaben, der Begründer der staufischen Machtstellung im Südwesten des Reiches war und im Elsaß sowie in der Pfalz mit einem umfangreichen, von seinem Nachfolger sorgfältig ergänzten Burgenbau begonnen hatte. Gleichzeitig schlug er aber auch durch reichen Erwerb im östlichen Thüringen und der Mark Meißen eine Brücke staufischer Besitzungen von dem einen Kernraum des Reiches, dem Oberrheinland, zu dem zweiten, den sächsisch-thüringischen Gebieten. Die staufische Reichsgewalt verstand es so hervorragend, von gewissen Schlüsselstellungen aus, in denen das geschickt verteilte und gesicherte Königsgut mit „Burgen auf Höhen, die Strom, Straße und die fruchtbare Ebene beherrschten", ihr Rückgrat bildeten, feste Klammern um die übrigen Landschaften zu legen und sich die Ausgangsbasen für ein kraftvolles Durchgreifen gegen widersetzliche landesherrliche Gewalten in den Randgebieten oder in den zum Imperium gehörenden Nachbarreichen Italien und Burgund zu schaffen.

Am Oberrhein, wo in jener Zeit „die Kraft des Reiches" zu finden war, saßen die Staufer als Inhaber der schwäbischen Herzogswürde rittlings auf beiden Rhein-

30

ufern. Das staufische Hausgut im reichen Elsaß — damals noch „Binnenland", nicht „Grenzland" des Reiches — war sehr ausgedehnt und wertvoll. Es spielte bis zum Ende Friedrichs II., der das Land besonders liebte und förderte, eine überaus wichtige Rolle. Die Politik Friedrich I., die 1156 zu diesem Reichskernland noch die rheinische Pfalzgrafschaft in staufische Hände brachte, schuf ein Stauferreich vom Oberrhein bis zum Mittelrhein hin. Dieses bildete mit Burgund, dem über den Bestand eines deutschen oder französischen Imperiums schicksalbestimmenden Zwischenland inmitten Frankreichs, Deutschlands und Italiens zugleich den politischen und kulturellen Herzraum seiner abendländischen Ordnungs- und Führungsmacht. An diese Machtgrundlage im Südwesten schloß sich dann das mit staufischem Familienbesitz — z. T. aus salischem Erbe — sowohl im Westen wie im Osten glücklich durchsetzte Herzogtum Franken, das seit Ottos des Großen genialer verfassungspolitischer Maßnahme „Kronherzogtum" war. Seine ungemeine Bedeutung im innerdeutschen Kraftfeld als den deutschen Norden und Süden bald trennender, bald verbindender, starker Mittelblock zeigt der erste Blick auf die Karte. Ein weiterer Blick zeigt auch die Bedeutung Frankens für jede Reichspolitik im Osten als Grenzland Böhmens und Nachbar der einstigen Ausgangsbasis der königlichen Ostpolitik, nämlich Thüringens und Ostsachsens (B. Schmeidler).

Vom Elsaß bis Thüringen erstreckte sich in weit ausgedehnter geschickter Streulage der große wichtige Besitz des Reiches und staufischen Hauses, der, wie schon erwähnt, seit Barbarossa verwaltungsmäßig zu einer einheitlichen Gutsmasse verschmolzen war. Was es für die königliche Zentralgewalt bedeutete, daß ein Friedrich I. allmählich 350 Burgen an sich brachte und sie mit seinen Ministerialen zu bemannen wußte, ist leicht zu ermessen. Die Geldmittel für eine so bedeutende Stärkung der deutschen Königsmacht flossen ihm aus seiner Herrschaftsstellung in Italien zu. Ein so hervorragender Kenner staufischer Burgenpolitik im Dienste der deutschen Königsmacht, wie W. Hotz, spricht von dem tragischen Mißverständnis, „daß der Osten von den Hohenstaufen zugunsten des Südens vernachlässigt worden sei. Die Burgen in Franken und Thüringen widerlegen diese Meinung auf das entschiedenste. Besondere staufische Leistungen sind die Reichsburgen Rothenburg ob der Tauber, Nürnberg, Eger, Altenburg und der Kyffhäuser-Block. Die Staufer haben auch hier das Gesetz des Raumes am klarsten erkannt und der Mainlinie ihre doppelte Aufgabe zugewiesen: Brücke zu sein zwischen Nord und Süd und Ausgangsstellung für die Rückgewinnung deutschen Siedlungsbodens im Osten".

Heute weisen eingehende Spezialforschungen, alles bisherige Gerede über die Vernachlässigung des deutschen Ostens klar widerlegend, nach, mit welcher Planmäßigkeit Friedrich Barbarossa im Anschluß an die staufischen Besitzungen in Ostfranken, die aus Ehen staufischer Herzöge und Könige stammten, die Bildung eines ansehnlichen Gutskomplexes gerade an der sächsisch-thüringisch-böhmischen Grenzscheide, also in einem seit jeher überaus wichtigen und hartumstrittenen Schlüsselgebiet anstrebte und durchführte. Von dort aus stieß die staufische Politik bis nach Schlesien und Mähren vor. Sie schuf unter Vergrößerung alten Reichsbesitzes die terra Plisnensis (Pleißener Lande) mit der Stadt und Burggrafschaft Altenburg, mit Colditz, Lausick und Leisnig in der Nähe Jenas, mit Chemnitz und Zwickau. Diese bis in den Grenzwald nach Böhmen hin sich erstreckenden staufischen und Reichsbesitzungen, an die sich das königliche Vogtland bei Plauen bis Hof anschloß, finden weiter ihre Fortsetzung in dem bereits unter Konrad III. an das Reich gekommenen Egerland, dem deutschen Einfallstor nach Böhmen. Die Pfalz Eger, deren Bau 1175 begann, wurde zu einem Mittelpunkt staufischer Macht und Kultur im Ostraum. Die Einheitlichkeit des mit der Spannweite und Inhaltstiefe der staufischen Reichsidee „als Auftrag zur Völkerführung und Ordnungsmacht" innig verwobenen staufischen Kulturschaffens zeigt sich besonders deutlich darin, daß die Steinmetzen der anmutigen, reizvollen Egerer Pfalzkapelle aus dem Elsaß kamen. „Die künstlerische Fruchtbarkeit dieses staufischen Hauptlandes war ungeheuer groß. Mit Nürnberg verbindet Eger die Konstruktion der Kapelle, auch die gleiche Ausrichtung im Kraftfeld der staufischen Ostpolitik. Es ist die Tragik Egers, daß seine strategische Schlüsselstellung nur von den Staufern erkannt wurde" (W. Hotz). Eger wurde ein Lieblingsaufenthalt der späteren Staufer; noch Konradin hat gern in der stolzen, schönen Pfalz geweilt.

Zu Anfang seiner Regierung trat Friedrich während der Zeit enger Zusammenarbeit mit Heinrich dem Löwen in Nordthüringen an den Welfen den Königshof Pöhlde und im Westharz die Burgen Herzberg und Scharzfeld im Austausch gegen Badenweiler (im Breisgau) und andere Güter in Schwaben ab. Beide Partner nahmen damit in ihren ureigensten Macht- und Interessensgebieten eine gegenseitige Flurbereinigung vor. Um aber seine kaiserlichen Oberhoheitsansprüche äußerstenfalls auch in Sachsen selbst wahrnehmen zu können, baute Friedrich, der Meister strategischer Burgenpolitik, die 1144 aus der Northeimer Erbschaft an das Reich gekommene Boyneburg (an der Werra) als Reichsburg aus. An der gleichen Werraeinzugstelle

3

entwickelten sich unter ihm die Reichsstädte Eschwege und Mühlhausen. Mit dem Besitz der Pfalz Gelnhausen sicherte der Kaiser ferner den Eingang des Schlüchterner Passes gegen Sachsen (A. v. Hofmann). Es würde endlich nur für die gerade auch an der deutschen Nord- und Ostfront stets auf das gesamte Reichswohl die Blicke richtende, verantwortungsbewußte und vorsorgliche Staatskunst des Staufers sprechen, wenn er sich wirklich, wie verschiedentlich behauptet wird, während der einjährigen Abwesenheit Heinrichs des Löwen im Morgenlande (1172) bemüht hätte, die welfischen Burgkommandanten zu bewegen, im Falle der Nichtrückkehr des damals noch erbenlosen Welfenherzogs dem Reich die Gewalt über die sächsischen Burgen zu überantworten.

Ein weiteres untrügliches Zeichen für die stets den gesamten Umfang des Reiches und den ganzen Aufgabeninhalt seiner Führung im Auge behaltende Politik Friedrichs ist sein Verhalten bei der berühmten Zusammenkunft in Chiavenna (1176), in der sich Heinrich der Löwe der Bitte des Kaisers um Unterstützung für sein Entscheidungsringen gegen die Kurie versagte. Daß diese Hilfeverweigerung des Welfen keineswegs auf einer grundsätzlichen, „einsichtsvollen" Ablehnung der kaiserlichen Italienpolitik an sich beruhte, wie Poeten und Phantasten behaupten, weiß jeder Kenner der überlieferten Tatsachen. Hat er doch nicht einmal seine eigene Mitwirkung an dem neuen Italienzuge von vornherein versagt, sondern nur einen Preis dafür gefordert — nämlich die Auslieferung Goslars mit seinen für die beginnende Geldwirtschaft so bedeutsamen, reichen Silberminen. Diese Forderung schlug Friedrich nicht nur aus tief verletztem kaiserlichen Stolz ab, sondern auch aus entscheidenden realpolitischen Erwägungen. Von seiner „bedingungslosen Aufopferung

deutscher Interessen im Dienste der Italienpolitik"
kann also gar keine Rede sein.
Das gesamte Regierungssystem Barbarossas, das ja mit
seinen segensreichen Folgen für ein Vierteljahrhundert
auf der engsten Zusammenarbeit zwischen ihm und
seinem Vetter aufgebaut war, brach mit Heinrichs
Absage in sich zusammen. Der Rahmen des Reiches
drohte durch das ungehemmte Selbständigkeitsstreben
des Löwen gesprengt zu werden. Friedrich war nun
also gezwungen, nach dem Ausfall der Hauptstütze
seiner bisherigen Innen- und Außenpolitik sich nach
anderen Pfeilern und Klammern für den Reichsbau
umzusehen, mit anderen Kräften und Bundesgenossen
die königliche Autorität durchzusetzen. Im Verlaufe
und nach Abschluß des gegen Heinrich geführten berühmten Lehnsprozesses zeigte Barbarossa, daß er
sich entschlossen hatte, im Bunde mit den erbitterten
Gegnern des Welfen, den starken Landesfürsten Ostsachsens, die er bisher unter Begünstigung seines Vetters stets vernachlässigt, ja manchmal offen benach-
teiligt hatte, die Befriedung und Ordnung des Ostraums
durchzuführen.
Die die Reichseinheit bedrohende Welfenmacht in
Sachsen und Bayern wurde zerschlagen, und an die
Stelle der alten großen Stammesherzogtümer traten
durch Aufteilung ihres Gebietes die jüngeren, kleineren
Territorialfürstentümer. Dem Welfen blieb sein be-
deutender Allodialbesitz um Braunschweig und Lüneburg. Im übrigen entstanden auf sächsischem Boden
und in den Kolonialgebieten des Löwen eine Vielzahl
reichsunmittelbarer Herrschaften. Diese Politik der
Zerstückelung, die zweifellos ein „System der Aus-
hilfen" war, und ursprünglich von niemandem weniger
als von Barbarossa selbst angestrebt ist, hat vielfach
Kritik gefunden. Die Frage, warum Friedrich an die
3 *

Stelle des zerschmetterten Stammesherzogtums nun nicht wenigstens die Reichsmacht gesetzt habe, um dann mit vollen Segeln selbst in die Bahnen von Heinrichs nordöstlich gerichteter Politik zu steuern, beantwortet K. Hampe wie folgt: „Das wäre nach der Lage der Dinge doch völlig untunlich gewesen. So stark war Friedrichs Königsmacht gegenüber den Fürsten wahrlich nicht, daß er sich nach dem Sturze des Welfen sofort gegen seine eigenen Bundesgenossen, die mittleren Territorialgewalten, hätte wenden und sie um den eben erst verliehenen Lohn hätte bringen können, den er ihrer Mithilfe doch wesentlich verdankte. In der innerdeutschen Politik hat er stets einen vorsichtigen Mittelweg innegehalten."

Friedrichs Verhalten nach dem Sturze Heinrichs zeigte, ganz so wie später Bismarck, große Behutsamkeit im Umgang mit der deutschen Fürstenaristokratie, deren weitgehende Selbständigkeit er vorfand, nicht schuf, die er leiten, nicht befehligen konnte.

Da die Selbständigkeit der Landesherrschaft bereits vor Friedrichs Regierung entscheidend weit vorgeschritten war, mußte es ihm leichter erscheinen, eine Vielzahl kleiner Gewalten als eine große Territorialmacht, wie die welfische in Nord und Süd war, mit den Mitteln der königlichen, gerade durch seine kluge Hausmacht- und Lehnspolitik bedeutend verstärkten Staatslenkung zur Erhaltung der Reichseinheit zu zügeln. Dies gilt wieder ganz besonders für die deutsche Ostfront. Nach den Erfahrungen mit dem welfischen Übermachtstreben mußte Friedrich auch vermeiden, daß sich im Nordosten abermals ein ähnlich kraftvoller, selbständiger Landesstaat bildete wie der welfische war. Er überließ dort daher nicht etwa den tüchtigen und ehrgeizigen Erben Albrechts des Bären die langerstrebte Vorherrschaft über Pommern und

Mecklenburg. Vielmehr unterstellte er deren Herzöge unmittelbar dem Reich.

Wenn auch die Ausschaltung der Welfenmacht im Nordosten des Reiches dem bisher von ihr stets im Zaune gehaltenen, begehrlichen Dänen den Weg zur Herrschaft an der Ostseeküste freimachte, besteht dennoch kein Zweifel, daß dadurch die deutsche Ostausbreitung keine dauernden Schäden erlitt. Sowohl sämtliche Siedlungsgewalten Ostsachsens, von denen die erfolgreichsten einst der Großvater Heinrichs, Lothar, dort angesetzt hatte, und die dann später die Todfeinde seines gewaltigen Enkels wurden, wie auch die immer mehr der Überlegenheit deutscher Wirtschaft und Kultur verfallenden slawischen Ostfürsten förderten nach Kräften die Ostsiedlungsbewegung. Das welfische Lübeck, das schnell eine hervorragende Rolle im deutschen Ostseehandel und in der deutschen baltischen Politik spielen sollte, hat Friedrich 1181 zur freien Reichsstadt gemacht.

Nicht nur im hohen Nordosten war das Reich durch Schaffung reichsunmittelbarer Gewalten direkt an die slawische Ostfront herangerückt, auch weiter südlich richtete es sich in den seit dem Unterliegen der Salier vom Königtum verlassenen Gebieten Mitteldeutschlands nach Möglichkeit wieder ein. In der Nähe des im Streit mit dem Löwen hart umkämpften Goslar baute Barbarossa die Harzburg wieder auf. Gleichfalls wurden die von Heinrich zerstörten Pfalzen in Nordhausen und Mühlhausen wieder errichtet. 1181 setzten die Prägungen der Nordhäuser Münze mit dem thronenden Königspaar ein. Der Rückerwerb des Reichsgebietes um Saalfeld erfolgte. Der Bau der Kyffhäuserburg zum Schutz der Pfalz Tilleda wurde in gewaltigem Umfange vorgenommen, und überhaupt der kaiserliche Einfluß in Nordthüringen wieder kräftiger gewahrt, wie der häufige Besuch der Pfalzen durch Friedrich und seine Nachfolger zeigt.

Im Südosten setzte Friedrich die bereits 1156 durch die Abtrennung Österreichs von Bayern begonnene und zur Erweiterung des jüngeren, mit der Landeshoheit ausgestatteten Reichsfürstenstandes führende Politik fort. Der verdienstvolle Otto von Wittelsbach erhielt das durch Schaffung eines selbständigen Herzogtums Steiermark abermals verkleinerte Bayern. Die Grafen von Andechs empfingen den Titel eines Herzogs von Kroatien, Dalmatien und Meranien (1181). Dies System der territorialen „Auflockerung der großen geschlossenen Ostgebiete", um ihrer mit lehnsrechtlichen Mitteln leichter Herr zu werden, wurde endlich ergänzt durch die Erhebung Mährens zur reichsunmittelbaren Markgrafschaft (1182), die bei dem bevorstehenden Aussterben der mährischen Nebenlinie der Przemysliden als erledigtes Reichslehen eingezogen werden konnte, und ferner durch die Erklärung der Reichsunmittelbarkeit des Bistums Prag (1187).

Friedrich hinterließ seinem schon früh in die Regierungsgeschäfte eingeweihten, genialen Sohn Heinrich VI. eine so starke königliche Zentralgewalt, daß dieser imstande war, neben seinen weltumspannenden, außenpolitischen Plänen 1. dem Erbmonarchieziel Barbarossas durch einen kühnen Vorstoß näherzukommen, 2. mit größter Energie in dem wichtigen Mittelelberaum die königliche Macht durch unmittelbare Erwerbungen weiter zu stärken. Und zwar erfolgte der Zugriff des jungen Kaisers gerade in den unter den letzten Saliern schwer umstrittenen Gebieten, in denen die entscheidende Kraftprobe zwischen Königtum und sächsischem Rebellentum um das alte, liudolfingische Königsgut sich abgespielt hatte, das einst die Grundlage der Ostpolitik des sächsischen Königshauses gewesen war. Zwar gelang es ihm nicht, die Landgrafschaft Thüringen nach dem Tode des Landgrafen Ludwig einzuziehen, wohl aber 1195 den Heimfall Meißens durchzusetzen.

Hier wie überall erschütterte das von keinem menschlichen Auge vorauszusehende schnelle Ableben des gewaltigen Kaisers 1198 den von seinem Vater errichteten, von ihm selbst noch bedeutend erweiterten Riesenbau des Reiches in seinen Grundfesten. Es lag ja im tiefsten Wesen des aus dem Geist germanischer Gefolgschaftsidee heraus vor allem auf persönlichsten Bindungen beruhenden Reiches, daß von der Kraft und Begabung seines Oberhauptes sein Wohl und Wehe in erster Linie abhing.

In dem unseligen Thronstreit zwischen Otto IV. und Philipp von Staufen 1198—1208 lebte mit verheerenden Folgen für die königliche Zentralmacht der alte staufisch-welfische Rivalitätskampf in höchster Erbitterung neu auf, der doch 1195 durch die Zusammenkunft Heinrichs VI. mit Heinrich dem Löwen auf der Pfalz Tilleda beigelegt schien. Der Mittelelberaum mit Thüringen, also gerade die deutsche Landschaft des Ostens, in der die Festigung des Königtums durch die glückliche staufische Erwerbspolitik die größten Erfolge erzielt und die bedeutendsten Zukunftsaussichten hatte, wurde Kampfobjekt und Tummelplatz eines furchtbaren Bürgerkrieges.

Während Otto IV. unbedenklich Macht und Besitz des Reiches verwirtschaftete und so an den käuflichsten aller deutschen Fürsten, den Landgrafen Hermann von Thüringen, heißbegehrtes Reichsgut vergab, suchte Philipp nach bestem Können gerade den Bestand des nordthüringischen Reichsgutes zu erhalten. Dem Thüringer nahm er in seiner letzten erfolgreichen Zeit das durch fortgesetzten Verrat erworbene Gut, z. B. Saalfeld, wieder ab. Otto IV. gab Saalfeld 1209 an die Schwarzburger. In Thüringen rangen die Staufer und Welfen schließlich um den Einfluß jedes einzelnen Grafen.

Die schwere Probe, die das Staufertum 1198 bis 1215 zu bestehen hatte, zeigt am eindrucksvollsten, wie tief es gerade in ganz Ostsachsen Wurzel gefaßt hatte. Die Brandenburger Askanier und die Erzbischöfe von Magdeburg waren die zuverlässigsten und wichtigsten Bannerträger des Ghibellinentums im Reich. Selbstverständlich war auch ihr Territorialegoismus stark ausgeprägt, jedoch haben sie damals sowohl durch ihre innenpolitische Parteinahme wie vor allem durch ihre außenpolitische Haltung — die brandenburgischen Askanier gegen Dänemark, die Magdeburger Erzbischöfe gegen die Kurie — ihre volle Einsatzbereitschaft für die ghibellinische Reichsidee und -politik bewiesen. Die Brandenburger haben ihre Versuche, den Übergriffen Dänemarks in den ostelbischen Gebieten, die 1201 von Otto IV. preisgegeben wurden, zu wehren, mit harten Schlägen und Verlusten bezahlen müssen. In dieser verhängnisvollen Zeit vermochte es lediglich Philipp von Schwaben selbst, die dänische Herrschaft an der Ostsee zu gefährden. Er hatte gerade 1208 eine Heerfahrt gen Norden großen Stiles vorbereitet, als ihn der Dolch des Wittelsbachers im Alter von 28 Jahren niederstreckte.

Das unerschütterliche Ghibellinentum der brandenburgischen Askanier zeigte sich vor allem darin, daß sie auch dem Welfen Otto IV. für die kurze Zeit seiner Alleinherrschaft beistanden, da er völlig im Fahrwasser ghibellinischer Politik und unter dem Einfluß staufischer Ratgeber segelnd aus einem Dänenfreund zum Dänenfeind geworden war. Das bittere Wort Walthers von der Vogelweide vom haltlosen Dahin-

Daherschwanken zwischen den Parteien, das in Deutschland Brauch geworden war, paßt also auf die Askanier nicht. Sie hielten fest zu dem König, der, wie sie selbst, den vordringenden Dänen gegenüber entschlossene deutsche Abwehrpolitik trieb. Daher nahmen sie auch zu Beginn der Regierung Friedrich II., der damals dem Dänen vorerst seine Erwerbungen bestätigte, feindlich gegen den Staufer Stellung.

Später verzieh der Staufer weitblickend und großzügig den tüchtigen Brandenburgern und erkannte ihre alten Ansprüche auf Pommern in vollem Umfange an. Kein deutsches Territorium hat bis zur Gründung des preußischen Ordensstaates seine und damit die Grenzen des Deutschen Reiches so weit in den Ostraum vorgeschoben, wie die Markgrafschaft Brandenburg, in der die ghibellinische Idee sich lebendig erhielt und bei der Übernahme der Mark durch die Hohenzollern abermals aufleuchtete (G. Droysen).

Die zweite, dem staufischen Hause ebenso ergebene Territorialmacht an der Elbe war das Erzbistum Magdeburg. Als starke Ausgangsbasis der kaiserlichen Ostpolitik von Otto I. gegründet, sollte es durch die hervorragende Tätigkeit seiner großen Erzbischöfe Wichmann, Ludolf und Albrecht von Kävernburg sowohl zu einem wirtschaftlichen und kolonisatorischen Mittelpunkt, wie auch schließlich zum Kernraum der staufischen Ostpolitik in Mitteldeutschland werden. Friedrich I. war es, der gleich zu Anfang seiner Regierung den ihm wegen seiner Begabung auffallenden, aus edelstem sächsischem Geschlecht stammenden Wichmann, Grafen von Seeburg (seine Mutter war die Schwester Konrads „des Großen" von Wettin), gegen den hartnäckigen Widerstand der Kurie auf den wichtigsten Erzstuhl des Ostens setzte. Der als Siedlungs- und Verwaltungsorganisator, als Kolonisator des Lan-

des und Gründer der Stadt Jüterbog, als Wirtschafts-
und Kulturpolitiker gleich hervorragende, wegen seiner
Klugheit, Bildung und vornehmen Gesinnung überaus
angesehene Mann hat dem Kaiser durch ebenso feste
und umsichtige, wie Vertrauen einflößende Verhandlungen mit Papst Alexander III. unschätzbare Dienste
geleistet.

In Wichmanns bedeutsamen Spuren der Magdeburger-
und Reichspolitik sind dann seine Nachfolger fortgeschritten. Sie blieben auf dem Felde der politischen
Verhandlungen wie des offenen Kampfes die unbedingt
zuverlässigen, allen militärischen Gewalten der welfischen Parteigänger wacker begegnenden, wie allen
Drohungen und Bannbullen der Kurie trotzenden
Anhänger der ghibellinischen Reichsidee. An der Spitze
der stolzen staufischen Deklaration von Speyer (1199),
die in würdiger Weise die Rechte und Ehre des Reiches
gegen Innocenz III. verteidigte, stand der eng mit dem
alten staufischen Beamtentum der Reichskanzlei zu-
sammenarbeitende, ebenso unerschrockene, wie im
Umgang mit der Kurie schlaue und gewandte Erzbischof Ludolf. Auch seinem tatkräftigen, hochstreben
den Nachfolger Albrecht von Kävernburg fiel wiederum
die Führung der staufischen Fürstengruppe im Reich
zu. Seiner Einsicht war es zu verdanken, daß nach
Philipps Tode die staufische Partei sich hinter den
Welfen Otto IV. stellte, solange und soweit er ihre
Richtlinien der Reichspolitik zu befolgen sich ver-
pflichtete. Dies galt besonders für das gegen Dänemark geplante Vorgehen. „Es ist unverkennbar: der
Gedanke des Reiches, des deutschen Kaisertums be-
herrscht diese Kreise. Dem staufischen Hause halten
sie die Treue bis zum äußersten, aber höher noch steht
ihnen das Reich. Gibt es in Deutschland keinen Staufer
mehr, kommt auch der Knabe auf dem Thron in

Palermo nicht in Frage, so lebt doch das Reich weiter, und der gegebene König und Erbe ist dann der Welfe" (J. Haller).

Nach den tiefen Enttäuschungen, die Ottos IV. charakterliche Haltung und Politik bald in weiten Kreisen der Stauferpartei hervorrief, war es abermals der Magdeburger Erzbischof, der die Initiative ergriff, um Friedrich von Sizilien, den nunmehr herangewachsenen Träger des staufischen Namens und Nimbus, als den rechtmäßigen Anwärter auf das staufische Reichserbe gegen den damit ebenso unwürdig wie ungeschickt verfahrenden, maßlosen Welfen herbeizurufen (1211). Albrecht, der alles auf die staufische Sache Friedrichs II. setzte, hat sich fünf Jahre verzweifelt gegen die mächtige welfische Koalition gewehrt, ist dann aber auch von dem siegreichen Kaiser mit reichem Dank belohnt worden.

Im Metzer Privileg von 1214 bestätigte der um seinen Thron kämpfende Friedrich II. den Verzicht auf das von Otto IV. 1201 in die Gewalt des Dänenkönigs gegebene Nordalbingien. Die dänische Macht erstreckte sich damit auch über „Slawien" (Mecklenburg und Pommern). Sie bedrohte durch die dänische Schirmherrschaft über die Reichsstadt Lübeck den Ausgangs- und Stützpunkt für das fernste deutsche Siedlungsunternehmen im baltischen Raum, nämlich das von dem Bremer Domherrn Albert von Appeldern eroberte und ihm von Philipp von Schwaben (1207) als Reichslehen übertragene Livland. Besonders gefährlich für die Missions- und Siedlungsinteressen des Reiches wurde nun aber neben dem dänischen Imperialismus — und bald Hand in Hand mit ihm — die steigende Anteilnahme der Kurie an den Verhältnissen in den Baltenlanden.

Nach der Niederwerfung seines welfischen Neben-
buhlers suchte der Kaiser unter geschickter Ausnutzung
der zufälligen Gefangennahme Waldemars des Großen
durch die Grafen von Schwerin (1223) von seinen Ver-
pflichtungen gegen Dänemark loszukommen. Im kaiserlichen Auftrag schaltete sich Hermann von Salza in
die Verhandlungen zwischen dem dänischen König und
der gegen das Reich seine Partei ergreifenden Kurie
mit den deutschen Ostsiedlungsgewalten ein. Die Dänen wollten die Forderungen Hermanns, deren wichtigste die Rückgabe der rechtselbischen Gebiete an das
Reich waren, nicht annehmen, so daß zunächst ein
Vertrag nicht zustande kam. Das von Hermann erstrebte Hauptziel der Reichspolitik im Norden wurde
aber bald durch die das Reich als Stütze hinter sich
wissenden und durch den genialen kaiserlichen Unter-
händler zu einigem Vorgehen gegen den Reichsfeind
veranlaßten deutschen Nachbarn Dänemarks ehrenvoll
bei Bornhövede 1227 erstritten.
Nicht nur Nordalbingien wurde durch diese dänische
Niederlage frei, auch Pommern fiel jetzt an Brandenburg, und die Livland bedrohende dänische Stellung
in Estland ging trotz päpstlicher Gegenwirkung im
wesentlichen an die Deutschen verloren. Hermann
von Salza war es gelungen, die nordischen Interessen
Deutschlands der Universalpolitik des Kaisers einzu-
gliedern. „Denn wenn in den kritischen Jahren 1224
bis 1226 aus der kaiserlichen Kanzlei eine Urkunde
nach der anderen herauskam, welche das deutsche
Missionswerk im Osten als Sache des Reichs verhan-
delte..., mag man über die italienische Kaiserpolitik
skeptisch denken bis zum äußersten; daß Friedrich II.
in diesen Jahren mehr für den Norden hätte leisten
können, wäre eine gedankenlose Forderung. Trotz des
scharfen Eintretens des Papstes für Waldemar sank-

tionierte der Kaiser die sich aus eigener Kraft voll-
ziehende Befreiung alten Reichsgebietes von dänischer
Herrschaft; das ist der Sinn auch der Verleihung der
Reichsfreiheit an Lübeck 1226, gesehen von dem
kaiserlichen Gesichtsfelde aus" (F. Rörig).
Staufische staatsmännische Führung hatte erst den
Boden bereiten müssen für ein einiges Vorgehen der
sich gewohnheitsgemäß befehdenden deutschen Herren,
Städte und Bauern gegen die dänische, mit der Kurie
verbündete Übermacht. Sie hatte wieder einmal die
wichtigste deutsche Königsaufgabe an der spannungsreichen Ostfront: Befriedung und Zusammenfassung
der deutschen Grenzgewalten zum geschlossenen Einsatz gegen reichsfeindliche Kräfte und auf große gemeinsame Ziele erfolgreich durchgeführt.
Niemals zeigte sich so deutlich die Spannweite der
kaiserlichen Politik, die den europäischen Raum von
Sizilien bis ins Baltenland umfaßte, wie während der
Gleichzeitigkeit des großen Geschehens auf beiden
Schauplätzen in den zwanziger Jahren des 13. Jahrhunderts. Und nirgends lassen sich die aus der Reichsidee entspringenden, vielfältigen, gewaltigen Aufgaben
der deutschen Führung im Abendlande besser erkennen
als bei der Prüfung der Gründe, die den in Italien drin-
gend beanspruchten Stauferkaiser veranlaßten, sich
auch der deutschen Ostseeprobleme tatkräftig anzunehmen. Denn wie im äußersten Süden, so geriet der
Kaiser auch im hohen Norden und Osten mit dem seit
den Tagen Innocenz III. wieder mehr als je welt-
beherrschende Ansprüche stellenden Cäsaropapismus
in Abwehr und Gegenangriff aneinander.
Schon seit dem Abfall des schließlich zum Reichsfeind
gewordenen Heinrichs des Löwen hatte das Papsttum
auf den infolge des staufisch-welfischen Gegensatzes
besonders schwachen Nordosten des Reiches sein

Augenmerk gerichtet. Es war dem gestürzten Löwen wiederholt ein Fürsprecher gewesen und unterstützte seine noch in den letzten Regierungsjahren Barbarossas und vor allem unter Heinrich VI. unternommenen Verschwörungen gegen die Staufer. Allein durch die päpstliche Hilfe war dann die das Reich an den Abgrund drängende, die deutsche Nordostfront zum Einsturz bringende welfische Gegenkönigsrolle Ottos IV. und Dänemarks Vorherrschaft an der Ostsee möglich gewesen.

Mit besonderem Eifer nahm sich die Kurie der Mission in den fernsten baltischen Landen an. Als durch deutsche Tatkraft die Eroberung Livlands erfolgreich verlaufen war, beanspruchte Innocenz III. das durch Alberts Verdienst dem Christentum neu erschlossene und ihm auf seine Bitte als Reichslehen überlassene Land kurzerhand als Eigentum des heiligen Petrus. Sie versuchte dort, wie bald auch in Kurland, eine direkte päpstliche Herrschaft, d. h. eine Art Kirchenstaat zu errichten. Die kuriale Politik nahm noch einmal — und bei der Schwäche des Kaisertums seit 1198 mit großen Erfolgsaussichten — den Kampf gegen den kaiserlichen Missionsanspruch auf, nach dem, wie Karl der Große es klar zum Ausdruck gebracht hatte, die politische Leitung der Heidenbekehrung und damit der gesamten Ostexpansion allein dem Kaiser als Schirmherrn der Kirche zustand.

Die vom Reich aus durchgeführte Christianisierung im Osten brachte sehr gegen den päpstlichen Wunsch eine Stärkung der Reichsmacht und die Germanisierung der bekehrten Gebiete von selbst mit sich. Die Gegensätzlichkeit beider Missionstheorien und -maßnahmen spiegelt besonders deutlich eine Seite des Urzwistes zwischen deutschem Kaisertum und römischem Papsttum wieder. Der baltische Raum erhielt nicht nur als deutsches Siedlungs- und Zukunftsland, sondern auch als Schauplatz des ghibellinischen Behauptungsringens gegen priesterliche Allmacht weltgeschichtliche Bedeutung. Hier offenbarte sich wieder eindringlich der Allzusammenhang der staufischen Reichspolitik: sie erfüllte die abendländische Sendung des deutschen Kaisertums als Vorkämpfer weltlicher Staatssouveränität und förderte gleichzeitig im Dienst und im Verfolg dieser Sendung die Ausweitung des deutschen Lebensraumes tief in den Osten hinein.

Die Herrschaftsabsichten der Kurie in Livland richteten ihre Spitze deutlich genug gegen das Reich. Um sie abzubrechen, nahm Friedrich am 1. Dezember 1225, im selben Jahre, in dem Rom einen Legaten als Verwalter Livlands einsetzte, das Land als Reichsmark wieder in den Reichsverband auf. Die gleichen Bestrebungen wie in Livland verfolgte das Papsttum in Preußen, für dessen Mission es sich von Anfang an eifrig einsetzte. Der mit Friedrich II. eng befreundete Hochmeister des deutschen Ritterordens, Hermann von Salza, erhielt aber von dem Staufer sowohl für das ihm von dem polnischen Teilfürsten Konrad von Masovien in höchster Notlage geschenkte Kulmer Land wie für alle künftigen Eroberungen die Landesherrenstellung in der goldenen Bulle von Rimimi 1226 zugestanden. Auf dieser Rechtsgrundlage schuf Hermann von Salza dann ein Staatsgebilde, das in den Rahmen des Reiches eingespannt und durch den ständigen deutschen Ritter- und Siedlerzuzug aus sämtlichen Teilen des Reiches machtvoll gefördert, allen seinen Nachbargewalten — Polen, Pruzzen, Litauern — für anderthalb Jahrhunderte überlegen blieb und immer mehr zur Heimat deutscher Bauern und Bürger, zum Bollwerk deutscher Kultur sich entwickelte.

Es wurde und blieb aber auch der Hort der alten, vom Staufertum getragenen und beseelten deutschen Reichs-

47

idee. Dies sollte sich von seiner Entstehung an besonders deutlich in seinem Verhältnis zur Kurie zeigen.
Das Kaiserprivileg für den deutschen Orden von 1226
stand nach Geist und Wortlaut im schärfsten Gegensatz zu den Absichten und Auslassungen der päpstlichen Missionstheorie im Baltenland. Die Kurie wollte
das Aufkommen einer landesherrlichen Gewalt über
die zu bekehrende heidnische Bevölkerung nicht zulassen, sondern strebte an, daß die Neugetauften bei
völliger staatlicher Freiheit lediglich der römischen
Kirche selbst unterstehen sollten. Das Privileg Friedrichs II. dagegen stellte unter „ausdrücklicher Korrek-
tur der kurz vorher vom Papst für die Preußenkreuz-
fahrer zur Unterstützung des Preußenmissionars
Christian ausgegebenen Parole: Bekehren, aber nicht
Eurer Knechtschaft unterwerfen! die Forderung entgegen: Unterwerfung nicht minder als Bekehrung der
heidnischen, barbarischen Bevölkerung". Die päpstliche Politik verfolgte wie überall auch hier nicht
allein so ideale Ziele wie die von ihr werbend vor-
gegebene „reine" Mission zur Freiheit, „der letzten
Endes der paulinisch-augustinische Gedanke von der
libertas der Christen im Unterschied von der Knechtschaft der Heiden zugrunde lag" (E. Caspar), sondern
zielte konkret und offen auf die Weltherrschaft.
Die kaiserliche Kanzlei versagte sich nun nicht, aus-
drücklich auf das Fiasko und Chaos der bisherigen
päpstlichen Missionsunternehmungen im Baltikum
hinzuweisen und mit aller Schärfe für die alte kaiserliche Missionspraxis mit dem Ziele sowohl der Unterwerfung wie der Bekehrung der Heiden einzutreten.
Sie meldete so den alten Führungsrang des Kaisertums
in allen Missionsangelegenheiten wieder an. Auf
Grund und unter Hinweis auf diesen Anspruch erfolgte
die Privilegierung des deutschen Ordens.

Der Orden ist daher auch in dem das Abendland umspannenden Kampf zwischen Kaisertum und Papsttum stets der zuverlässigste, machtpolitische Vorkämpfer des Ghibellinentums geblieben — von der Zeit des endgültigen Zerwürfnisses Friedrichs II. mit der Kurie bis zu den Tagen Ludwigs des Bayern.

An hervorragender Stelle ist hier die kraftvolle und wirksame Hilfe, die das Ordensland, diese Ghibellinenschöpfung, wiederholt gerade durch Fürsten aus dem welfischen Hause erhielt, zu erwähnen. Friedrich II. hatte 1235 durch Belehnung des bei Bornhövede (1227) noch in der reichsfeindlichen, kurial-dänischen Front stehenden Enkels Heinrichs des Löwen, Otto von Lüneburg, mit dem aus den welfischen Allodien gebildeten Herzogtum Braunschweig-Lüneburg den hundertjährigen Streit der Staufer und Welfen endgültig beigelegt. In der kulturellen Glanzzeit des Ordens unter dem künstlerisch begabten und als hervorragenden Kolonisator berühmten Welfen Lutter von Braunschweig schwingt die ganze enge Beziehung des deutschen Ordens zu den deutschen Königen und Kaisern mit (E. Maschke).

Staatswerdung, Wachstum, Umbildung und Wiedererstehung Preußens zeigen eine immanente Entwicklung deutschen Ghibellinentums. Das Ordensland eröffnete die Reihe der säkularisierten geistlichen Territorien nach der Reformation, und sein erster früh zum Glauben Luthers übergetretener Herzog konnte auch die gewichtigen Ratschläge des großen Reformators selbst für den entscheidenden Wandel Preußens von einem mönchischen zu einem ständischen Staatswesen benutzen. Luther war es ja auch, der auf religiöser Ebene das alte, politische Ringen des Ghibellinentums gegen kuriale Weltherrschaftsgelüste unter wiederholter Erinnerung und Anknüpfung an den

4

staufischen Heldenkampf zu Ende führte. So ist denn
das Erbe des Ghibellinentums gerade in der politischen
Gesamthaltung des preußischen Hohenzollernstaates
erhalten geblieben, der von seiner Entstehung ab die
Hochburg weltlicher Staatsethik und Staatswirklich-
keit zu Schutz und Trutz gegen die politische römische
Kirche war. Ihr erbitterter Haß gegen den als ghibellinische Schöpfung gegründeten, im ghibellinischen
Geist fortlebenden, sich umwandelnden und kraftvoll
neuerstehenden Preußenstaat hat schließlich zum
,,Kulturkampf'' des Bismarckschen Zeitalters geführt.
Ebenso wie der größte deutsche Reformator hat auch
der größte deutsche Staatsmann preußischen Ursprungs
bei seinem Widerstand gegen die streitbare Kirche die
Manen der staufischen Kaiser heraufbeschworen. Es
war also ein Vorgang von tiefster symbolischer Bedeutung, daß Friedrich II. einst Hermann von Salza für
das Kulmer Land den staufischen, einköpfigen, schwarzen Adler als Wappen verlieh, der dann vom preußischen Ordensstaat über das hohenzollerische Herzogtum zum Königreich Preußen und weiter auf das Reich
Bismarcks gekommen ist.

Was Friedrich II. im Nordosten nicht mehr möglich
war: das Reichsgut oder staufische Hausgut zu ver-
mehren, also die königliche Macht durch *unmittelbare*
Herrschaft zu stärken, das erstrebte er in großzügiger
Planung und mit bedeutenden Erfolgsaussichten im
deutschen Südosten. Die engen staufisch-babenbergi-
schen Familienverbindungen, deren weiterer Ausbau
von Friedrich mit Nachdruck verfolgt wurde, boten
hierzu die Voraussetzungen. Als der letzte Babenberger
Herzog, Friedrich der Streitbare, mit dem Kaiser in
Fehde geriet, ,,brachte der Kaiser Österreich, Steiermark und Krain in seine Gewalt und erklärte diese
Lande als dem Reiche anheimgefallen und damit

de facto als hohenstaufisch. Wien wurde reichs-
unmittelbar und so ebenfalls der kaiserlichen Gewalt
unterworfen" (J. Bühler).

Diese zunächst nur vorübergehende Einziehung Österreichs und Steiermarks (1237) wurde nach dem Tode
Friedrichs des Streitbaren, mit dem sich der Kaiser
wieder ausgesöhnt hatte, endgültig (1246). Der Staufer
bewies durch das Zusammenschweißen eines riesigen
Machtblockes unmittelbarer Reichsherrschaft, der von
den staufischen Kernlanden Elsaß und der Rheinpfalz
aus über die Reichsstadt Bern und andere schweize-
rische kaiserliche Gebiete, die eben damals Schweizer
Reichsrecht erhielten, ferner über ausgedehnte ober-
schwäbische Besitzungen und endlich über Österreich,
Steiermark, Kärnten und Krain bis nach Friaul sich
ausdehnte, wie wenig er seine Herrschaft in Deutschland aufzugeben trachtete. Die von Südwesten nach
dem Südosten Deutschlands breit gelagerte staufische
Machtgrundlage mußte auf die Stellung des Kaisers in
Oberitalien sich kraftvoll auswirken. In diesem Rahmen ist ferner die staufische Heiratspolitik Böhmen
gegenüber zu sehen und zu werten.

Böhmen hat als Nachbar des deutschen Mittelelbe-
raums mit Thüringen, wo während des Thronstreites
der Staufer und Welfen die wichtigsten Entscheidun-
gen ausgetragen wurden, aus der Schwäche der Reichsgewalt große Vorteile gezogen. Es erlangte von Philipp
die erbliche Königswürde, Mähren verlor die Reichsunmittelbarkeit. Doch gelang es Philipp, den zeitweise
auf welfisch-kurialer Seite stehenden Ottokar I. zu
unterwerfen. Dieser hielt dann durch die Verlobung
seines Sohnes Wenzel mit Philipps Tochter Kunigunde
wieder zum staufischen Haus und nahm 1211 maß-
gebenden Anteil an der Wahl Friedrichs II. Wenzel
aber ging in den letzten Regierungsjahren Friedrichs

4*

zum Papsttum über, um mit dessen Unterstützung die Absicht des Kaisers auf den Erwerb Österreichs durch die von diesem geplante Heirat mit Gertrud, der Nichte des letzten Babenbergers, zu durchkreuzen. Als dann Österreich durch Gertruds Ehe mit einem böhmischen Prinzen an Ottokar II. fiel, war auch dieser einstige staufische Parteigänger völlig zum Päpstling geworden. Ihm gelang mit kurialer Hilfe der Versuch, „ein Reich zu schaffen, das von den nördlichen Randgebieten Böhmens bis an die Adria reichte" (H. Hirsch).

Nach dem ehrenvoll-tragischen Zusammenbruch des staufischen Hauses ist der Ostsiedlerstrom zwar zunächst nicht verebbt; Tatkraft und Leistung gerade der östlichen Landesherren erlahmten nicht, sondern bauten das deutsche Kolonisationswerk überall weiter aus. Aber die Idee, die es beseelte, war dahin. Fürstliche Hausmachts-, hansische Handels-, ordensstaatliche oder erzbischöfliche Machtpolitik rieben die deutschen Kräfte des Ostens oft genug in einem verderblichen Streit zugunsten fremdvölkischer Nachbarn auf. Der Schwung und der Geist deutscher Kaiserherrlichkeit, die gerade für das erste Jahrhundert der Ostausbreitung so glanzvoll vom staufischen Hause vertreten wurde, ließen freilich die Siedlerscharen noch weiter mit dem Stolz völkischer, politischer und kultureller Überlegenheit erfüllen, die slawischen Nationen tief beeindrucken und zu weitestem Entgegenkommen den Repräsentanten des „Kaiservolkes" gegenüber veranlassen.

Und so wie hier die nachhaltige Wirkung des zuletzt und im lebendigsten Gedächtnis des Volkes haftend — Kyffhäusersage! — von den Staufern verkörperten deutschen Kaisertums auf siedlerischem und wirtschaftlichem Gebiete sich zeigte, so ist nicht minder auf kulturellem seine fortstrahlende, durchdringende und schöpferische Kraft im gesamten Osteuropa zu beobachten. Wir haben von dem fruchtbaren Einfluß der hohen Kultur und weltaufgeschlossenen höfischen Sitte der Stauferzeit auf die Dynastien und den Adel des Slawentums schon gesprochen. Für sie legten ja an der ganzen deutschen Ostfront — sei es im „welfischen" oder im „staufischen" Raum — herrliche Bauten und Plastiken Zeugnis ab. Glanzvolle Hoftage und Feste in den Pfalzen und Städten des deutschen Ostens ließen die Art und Lebensweise des staufischen Rittertums den Fürsten und Herrschersgeschlechtern der slawischen Völker als erstrebenswertes Vorbild erscheinen.

Wir haben noch auf die einzigartige Expansion deutscher Rechtsschöpfung und -praxis des staufischen Zeitalters im weiten slawischen Osten hinzuweisen. Lübecker — auf das Soester zurückführendes — Stadtrecht wurde die gemeindliche Verfassungsgrundlage für zahlreiche Städtegründungen des baltischen Raumes, Magdeburger Recht für eine fast unübersehbare Städtereihe von der Elbe über die Oder, Weichsel, den Bug bis zum Dnjepr und Dnjestr. *Lübeck*, eine Gründung des Schauenburgers Adolf, war aufgeblüht durch die Tatkraft Heinrichs des Löwen. Seit 1181 hat es dann als freie Reichsstadt trotz zeitweiser dänischer Bedrückung im Rahmen, Ansehen und im von Friedrich II. voll Anerkennung belohnten mannhaften Dienst des staufischen Reiches sein Heldenzeitalter als Führerin der deutschen Hanse begonnen. Eine Frucht und Folge hiervon war die Geltung und Ausbreitung des Lübecker Stadtrechtes an den Gestaden der Ostsee. *Magdeburg* war in großer ottonischer Überlieferung von seinen hervorragenden, ganz dem Dienst des staufischen Kaisertums ergebenen Erzbischöfen wieder zur Hauptstadt des binnenländischen Ostens und zum Zentrum der Ostpolitik des Reiches gemacht worden. Aus dieser beherrschenden Stellung der Elbmonopole ergab sich der einzigartige Siegeszug ihres Stadtrechtes. Unzweifelhaft verdankt das Magdeburger Recht seine gewaltige Kraft und Wirkung der bleibenden Geltung der erhabenen deutschen Kaiserkrone, die im Osten zur staufischen Zeit am hellsten gestrahlt hatte. Mit dem Magdeburger Wirtschaftsgeist und -treiben stand der Schöpfer des Sachsenspiegels, dieser bedeutendsten deutschen Landrechtssammlung jener Zeit, Eicke von Repgow — Ghibelline wie sein askanischer Landesherr! —, in engster Fühlung und fand in ihnen einen starken Lebensquell wie auch breiten Widerhall für sein bahnbrechendes Werk.

Wie sich aus der Idee und Kraft des staufischen Kaisertums vom nüchternen Nordosten aus staatliche, wirtschaftliche, kolonisatorische und rechtsschöpferische Wirkungen und Gestaltungen im gesamten europäischen Osten für lange Dauer bestimmend, führend und ordnend geltend machten, so offenbarte sich der Glanz staufischen, weltfreudigen, sangesfrohen, abenteuernden Rittertums, aber auch der reiche Gehalt und die schwere Gedankenfülle staufischer Ritterkultur in der großartigen Hofdichtung Österreichs mit Steiermark und Tirol.

Über den Tod Friedrichs II., ja auch über das furchtbare Ende Konradins hinaus bleibt das Rittertum des herrlichen Landes „ghibellinisch" und widersetzt sich dem päpstlichen Vormachtstreben. Aber ohne festes politisches Ziel, ungeeint, führungs- und damit machtlos, fiel es seinem ihm an diplomatischer Verschlagenheit und staatsmännischer Zielstrebigkeit weit überlegenen kurialen Gegner zum Opfer. Es geriet unter die Herrschaft des erwerbshungrigen, vom Papsttum in der Ostmark als ein Werkzeug gegen die Ghibellinen benutzten Ottokar von Böhmen.

Ein zusammenfassender Rückblick auf die von den staufischen Kaisern im Osten vollbrachte Gesamtleistung zeigt, daß sie in unmittelbarer Nachfolge Lothars, des größten Förderers der Landesherrschaft, weder rechtlich noch tatsächlich die Möglichkeit hatten, als Inhaber der Zentralgewalt die deutsche Siedlungs- und Kulturexpansion selbst planvoll zu leiten oder gar unter Anwendung militärischer Machtmittel gegen die slawischen Oststaaten zu erzwingen. Die Aufgabe zweckmäßiger Ansetzung siedlungswilliger Ostwanderer lag bei der gewaltigen Ausdehnung der Ostfront von Dänemark bis zur Adria naturgemäß in der Hand der an der wirtschaftlichen Erschließung und Ausnutzung ihrer überseh- und betreubaren Territorien als Inhaber umfangreichen Grund- und Lehnsbesitzes lebhaft interessierten Landesfürsten. Von ihnen ist sie ja auch mit großem Eifer und Erfolg angepackt worden. Soweit sie selbst Landesherren in den Kolonisationsgebieten des Ostens waren, haben dort auch die staufischen Könige durch ihre Beamten ganz nach dem Vorbild und Verfahren der übrigen östlichen Landesfürsten deutsche Bauernsiedlungen anlegen lassen. So z. B. auf Königsgut im Pleißener Lande, im Vogtlande und schließlich im Egerlande mit solchem Erfolge, daß, „als Konradin, der letzte Staufer und Förderer des Egerlandes, in Neapel hingerichtet wurde, das Egerland in seinem gesamten Umfang mit einer bäuerlich-bayrischen Siedlerschicht überspannt war, aus der nur noch vereinzelte Reste slawischer Siedlerkerne hervorstachen" (H. Braun).

Die wichtigste Leistung der staufischen Reichsführung im Osten war aber, überhaupt wieder die außen- und innenpolitischen Voraussetzungen und Grundlagen für eine gesicherte „Mehrung des Reiches" zu schaffen. Die Staufer erreichten es — teils mit friedlichen Mitteln (Böhmen), teils mit kriegerischen (Polen) —, daß die östlichen Nachbarn des Reiches nicht nur die kolonisatorische Tätigkeit deutscher Landesherren nicht zu stören wagten, sondern daß böhmische, ungarische, z. T. polnische, pommersche und nach langem erbittertem Kampf auch mecklenburgische Fürsten selbst in ihren Ländern mit Freuden deutsche Siedlerscharen aus ureigenstem Interesse aufnahmen und mit Grundbesitz und Vorrechten in reichem Maße ausstatteten. Denn die Wiederherstellung einer geachteten oder gefürchteten kaiserlichen Autorität im ganzen Ostraum durch Barbarossa kam der siedlerisch-wirtschaftlichen und kulturellen Expansion des Deutschtums ungemein zugute.

Für das Selbstgefühl slawischer Herrscher von königlichem Rang war es stets am erträglichsten, die Oberhoheit des Kaisers, dessen Krone als die des Schirmherrn der Christenheit an Erhabenheit und Würde alle übrigen überragte, anzuerkennen. Außerdem war ja auch die Aufgeschlossenheit der slawischen Fürstengeschlechter für die deutsche Kultur sehr groß. Ob all das, was an deutschem Erwerb und deutscher Leistung im Ostraum auf friedliche Weise zur Stauferzeit erreicht wurde, durch gewaltsames Vorgehen gegen die Oststaaten übertroffen worden wäre, ist mehr als zweifelhaft. Ein hervorragender Kenner der deutschen Ostsiedlungsgeschichte, H. Aubin, äußert die Mutmaßung, daß an Stelle der vielen rivalisierenden, in den Slawenlanden sowohl kriegerisch die Bahn für das Deutschtum brechenden wie friedliche Kulturarbeit leistenden Landesfürsten eine einheitliche, starke

Reichsgewalt „einen kompakteren Einsatz der deutschen Kräfte bedeutet hätte, welcher wohl zu einer zwar geringeren, aber geschlosseneren und dem Reichsgebiet genauer entsprechenden Verteilung des Deutschtums geführt hätte". Man muß jedoch auch, wie Aubin das selbst tut, die Stimmen beachten, die darauf hinweisen, „daß eine rallierte Front auf deutscher Seite vielleicht eine geschlossenere Gegnerschaft hervorgerufen und damit dem Deutschtum seine kulturspendende Verbreitung bis tief in die östlichen Nationalstaaten hinein verwehrt hätte".

Geradezu ausschlaggebend für ein glückliches, von der landesherrlichen Initiative kräftig gefördertes Fortschreiten der deutschen Ostausbreitung war die vom Rotbart so umsichtig begonnene und erfolgreich durchgeführte innerdeutsche Einigungs-, Befriedungs- und Vermittlungspolitik, die die dauernden Spannungen und Reibungen zwischen den zwar tüchtigen und ehrgeizigen, aber auch zu immerwährenden blutigen Fehden aufgelegten sächsischen Landesherren möglichst einschränkte.

Wie sehr endlich die Ostleistung der Staufer im Rahmen ihrer Gesamtpolitik durch die erheblich verstärkte, imponierende Stellung des Reiches im Westen bedingt war, läßt allein schon die Überlegung ahnen, ob wohl der große Bevölkerungsüberschuß der Niederrhein- und Moselgegenden für die Ostwanderungen zur Verfügung gestanden hätte, wenn diese Landschaften damals Schauplatz schwerer Kämpfe gewesen wären (H. Zatschek). Dabei ist besonders zu beachten, daß die auf weit fortgeschrittener Kultur- und Wirtschaftsstufe stehenden, durch ihre Erfahrungen im Deichbau, in der Entwässerung und Urbarmachung sumpfiger Niederungen besonders befähigten Bewohner der nordwestlichen Reichsteile: Holländer, Vlamen und Friesen sich als Pioniere der deutschen Ostkolonisation am besten bewährt haben. Die riesige völkische und kulturelle Ausbreitung des Deutschtums zur staufischen Zeit im Osten erhielt durch die Erhaltung der Reichsmacht im Westen bis in die letzten Regierungsjahre Friedrichs II. hinein die kräftigste Rückendeckung.

Die ghibellinische Reichsidee hat es aus dem Reichtum und der Tiefe ihres Sinngehaltes heraus vermocht, die gesamten Kräfte deutschen Lebenswillens vereint und gebändigt zur gleichen Zeit sowohl dem Dienste der abendländischen Führungs- und Schutzaufgabe im Süden und Westen zu widmen, wie ihnen im europäischen Osten den Auftrag und Anstoß zum Erwerb ausgedehnter neuer Lebensräume zu geben. Nach dem Untergang der Staufer und dem Zusammenbruch der deutschen Italienpolitik hätten nun, ganz nüchtern gerechnet, endlich in größtem Umfang deutsche Kräfte zum Einsatz im Osten freiwerden müssen. Tatsächlich kann hiervon keine Rede sein. Denn an die Stelle der das ghibellinische Reich erfüllenden und tragenden germanisch-christlichen Universalidee trat keine neue einigende, zu großen gemeinsamen Aufgaben berufende und weisende Idee — etwa nationalen oder völkischen Inhalts. Vielmehr war, was folgte, eine Zersplitterung und Auflösung aller Energien, Richtungen und Ziele. Die Macht des Reiches und sein Wille erlahmten mit dem Verlust des Südens nicht nur im Westen, sondern auch im Osten.

Die zunehmende Vernachlässigung des Westens durch die später im Osten sich bildenden deutschen Vormächte Preußen und Österreich hat schließlich mit dem Erstarken Frankreichs immer mehr das deutsche

Gesamtschicksal vom West-Ost-Problem abhängig gemacht, das die geniale Nord-Süd-Politik des staufischen
Hauses noch gleichzeitig zu meistern verstand. Heute
fühlen wir wohl am eindringlichsten den tiefen, gerade
auch raumpolitischen Sinnzusammenhang der ghibellinischen Reichsidee, die die politische deutsche
Führerbegabung nach allen Himmelsrichtungen ohne
Flankendruck und Gliederlähmung sich großartig auswirken ließ.

Das deutsche Recht in Osteuropa

Von

Theodor Goerlitz

Dem westgermanischen oder deutschen Rechte ist in der Erfassung von Teilen des osteuropäischen Raumes das nordgermanische, und zwar vor allem das gotische Recht vorangegangen.

Aus dem Gotenreiche auf später preußischem Boden, das die Zuwanderer aus dem südlich des Wener- und Wettersees liegenden Skandinavien geschaffen hatten und woran neuerdings der Name Gotenhafen für das frühere Gdingen erinnert, zogen seit 150 nach der Zeitwende Scharen in die fruchtbare Ukraine, wo sie gegen 220 die griechischen Kolonialstädte in ihre Hand brachten und annähernd zweihundert Jahre verblieben, bis durch die Senke zwischen Ural und Kaspischem Meere, den Zugang der asiatischen Völker nach Europa, 375 die Hunnen in die Ukraine eindrangen und deren gotische Bewohner zur Wanderung gegen Westen nötigten. Zwar ist aus der Zeit der Gotenherrschaft in der Ukraine kein Gesetz überliefert, denn das älteste germanische Volksgesetz, das des Westgotenkönigs Eurich, ist erst 475 nach der Zeitwende, also einhundert Jahre später, für die Goten in Südfrankreich und Spanien ergangen, aber die Bibelübersetzung des Gotenbischofs Wulfilas (310—383), der ein Zeitgenosse des ukrainischen Gotenreiches war, stellt die Vorgänge beider Testamente nach gotischer Auffassung dar und gewährt so Einblick in das Rechtsleben zu Lebzeiten des gotischen Verfassers, das Spuren bei den von den

Goten beherrschten slawischen Anten noch lange hinterlassen hat.

Aus fast der gleichen skandinavischen Urheimat, aus Östergotland und Södermanland südlich des Mälarsees und aus dem nördlich gelegenen Upland, traten in der zweiten Hälfte des 9. Jahrhunderts gotische und südschwedische Normannen, sog. Waräger (Gefolgsleute) oder, wie die damals zu beiden Seiten des finnischen Meerbusens wohnenden Finnen noch heute die Schweden nennen, Ruotsi, Rus (Reußen) die Fahrt über die Ostsee und auf dem weiteren Ostweg an, der die Schiffe durch Newa, Ladogasee, Wolchow, Ilmensee und Lowat bis zur Tragestelle nach dem Dnjepr und diesen Strom abwärts zum Schwarzen Meer und auf der See nach Konstantinopel führte. Nordgermanische Namen kennzeichneten den Weg: Altladoga an der Mündung des Wolchow in den Ladogasee wurde Aldeigiaborg und Nowgorod am Wolchow Holmgard, später Naugard genannt, während die sieben Stromschnellen des Dnjepr, an denen die Boote über Land getragen wurden, germanische Bezeichnungen erhielten und Kiew Kaenugard und Konstantinopel Miklogard hießen. Im Verlaufe der warägo-reußischen Handels- und Kampffahrten kam um 862 Rurik nach Nowgorod, legte gegenüber der Stadt am rechten Wolchowufer die zur Handelsseite bestimmte Vorstadt an und begründete hier seine Herrschaft über das besonders weit nach Nordosten reichende Fürstentum Nowgorod. Andere Waräger nahmen wenige Jahre später Kiew am Dnjepr ein und schufen in der Verbindung mit Nowgorod die Grundlage für die Herrschaft Ruriks über die Länder am Ostwege. Aus Ruriks Geschlecht, das bis 1598 den Staat leitete, ist als Gesetzgeber Jaroslaw (1019—1054) hervorgegangen. Dieser Fürst, nach dem auch der Palast auf der Handelsseite von Nowgorod benannt war, erließ, wahrscheinlich in Kiew, die erste Fassung des reußischen Rechtes, der Russkaja Pravda, die im 11. und 12. Jahrhundert einen mehrfachen Ausbau erfuhr. Dieses Gesetz vereinigte germanische Rechtseinrichtungen mit Verkehrsbestimmungen des Handelsplatzes Nowgorod. Germanischer Herkunft war das Wergeld, Vira nach reußischer Bezeichnung, der Wertersatz des getöteten freien Mannes, mochte auch dieser Betrag nach der Russkaja Pravda, die den Begriff der Sippe nicht kannte, anstatt Sippegenossen dem Fürsten zufallen und den Familienangehörigen nur das Kopfgeld zuteil werden. Dem nordgermanischen Rechte waren ferner beim Abhandenkommen von Tieren oder Sklaven die Spurfolge und so gut wie unverändert der außergerichtliche Gewährenzug entnommen, der in Abweichung von den westgermanischen, namentlich fränkischen Rechten, aber im Einklang mit den Bestimmungen des südskandinavischen Götarike und dem Gewohnheitsrechte der Normannen in der Normandie sich auf die drei unmittelbaren Vormänner des festgestellten Inhabers von Vieh oder Unfreien beschränkte. Die Russkaja Pravda lebte im Litauischen Statut von 1529 weiter, wo die nordgermanischen Einrichtungen mit zahlreichen Grundsätzen des westgermanischen oder deutschen, und zwar des sächsischen Rechtes zusammentrafen. Auf das sächsische Recht, die Arten dieses Rechtes und ihre hohe Bedeutung für den osteuropäischen Raum ist nunmehr einzugehen.

In staufischer Zeit entstand an der Mittelelbe das Land- und Lehenrechtsbuch des Sachsenspiegels, verfaßt zwischen 1220 und 1235 vom anhaltischen Schöffen Eike von Repgow für das freie Bauerntum und die lehensritterliche Bevölkerung des Landes. In enger Verwandtschaft mit ihm entwickelte sich ebenfalls an der Mittelelbe das ostfälische Stadtrecht von Magdeburg, das Recht der Stadtbürger, zu dem Erzbischof Wichmann, der Freund Friedrich Rotbarts, den Grund gelegt hatte und dessen Ausbau zum Ostrecht der Magdeburger Schöffenstuhl Jahrhunderte hindurch besorgte. Daneben gestaltete der Rat der Reichsstadt Lübeck ihr westfälisches Stadtrecht ebenfalls zum Ostrecht aus. Das Magdeburger und das Lübische Stadtrecht unterschieden sich besonders im ehelichen Güter- und Familienerbrechte sowie im Stadtverfassungsrechte. Magdeburg ließ in Übereinstimmung mit dem Sachsenspiegel und dem gesetzlichen ehelichen Güterstande der Gegenwart das Eigentum und die sonstigen Rechte von Ehemann und Frau am Vermögen jeden Teiles getrennt, Lübeck faßte dagegen das beiderseitige Vermögen in Gütergemeinschaft der Ehegatten zusammen und gewährte ihnen die Rechte daran zu gesamter Hand. Magdeburg hatte Ratmannen und Schöffen als städtische Organe, von denen die Ratmannen vorwiegend die Verwaltung, die Schöffen hauptsächlich die Rechtspflege ausübten, während Lübeck keine Schöffen, sondern nur Ratmannen kannte, von denen zwei den Vogt in der Gerichtsbarkeit unterstützten. Das Magdeburger Stadtrecht war dem Sachsenspiegel stark angepaßt, und das Lübische Stadtrecht hatte Schiffahrts- und Gesellschaftsrecht besonders zweckmäßig geordnet. Im Gegensatz zum Sachsenspiegel, dem der Westen kein Land- und Lehenrechtsbuch entgegenstellte, war dem Magdeburger und Lübischen Stadtrecht die Verbreitung im Westen durch andere Stadtrechte verschlossen. Das Goslarer Recht der Harzstädte und das Braunschweiger Recht hatten zur Folge, daß Naumburg, Merseburg, Eisleben und Haldensleben sowie altmärkische Städte bereits die Westgrenze des Magdeburger Rechtes kennzeichneten, während das Recht des ostelbischen Lübeck nach Westen hin nur eine gegenseitige Beeinflussung mit dem Hamburger Rechte auszuüben vermochte. Die Grenzlage von Magdeburg und Lübeck bei Beginn des staufischen Zeitalters bestimmte diese Städte für den Osthandel, machte ihnen aber, woran in den baltischen Ländern (nicht in Litauen) noch Hamburg teilnahm, die Überbringung deutscher Rechtskultur nach dem Osten zur besonderen Aufgabe. Das Lübische Recht faßte im Ostseeraume Fuß, mußte aber auch hier bedeutende Seestädte wie die Altstadt Stettin, Danzig und Königsberg dem Magdeburger Rechte sowie Riga und andere baltische Städte dem Hamburger Rechte überlassen. Das Magdeburger Recht bezog dagegen in seinen, den größten deutschen Rechtskreis ein das gesamte ostdeutsche Binnenland einschließlich des Warthe- und Sudetengaues sowie eines großen Teiles von Böhmen und Mähren, außerdem alle Gebiete, die im Mittelalter zu Polen und Litauen gehörten, hernach aber vielfach an das Großfürstentum Moskau, das spätere Rußland, fielen.

Eine besondere Stellung nahmen die Freie Stadt und das große Wahlfürstentum Nowgorod ein, die auch in der Zeit weitester Ausdehnung von Litauen die Selbständigkeit wahrten und erst 1478 durch Zar Iwan III. Rußland einverleibt wurden. Eine Übertragung Magdeburger Rechtes von Litauen her war nicht zu verzeichnen, wohl aber folgten auf die Waräger und die mit ihnen im Handelsverkehr stehenden Kaufleute der Insel Gotland die Kauffahrer der Hanse, die 1184 auf der Handelsseite von Nowgorod ihre Kirche St. Peter bauten, darnach den deutschen Kaufhof St. Peterhof benannten und um 1350 den alten warägischen oder gotischen Hof hinzuerwarben. So entstand auf der Handelsseite von Nowgorod ein Hansekontor, nicht eine Hansestadt, denn die Hansegenossen wählten

Nowgorod nicht als ihren dauernden Wohnort, sondern
fanden sich nur im Frühjahr und Herbst vorübergehend
zu Handelszwecken dort ein und regelten die Verwaltung immer bloß für das nächste halbe Jahr. Die vom
Lübischen Rechte beeinflußten Schraen (Satzungen)
von Nowgorod enthielten daher kein umfassendes
Stadtrecht, sahen auch von familien- und erbrecht-
lichen Bestimmungen ab, beschränkten sich vielmehr
vor allem auf die Regelung von Handel und Verkehr,
während Verträge mit Stadt und Land der Sicherheit
dienten. Nicht anders lagen die Verhältnisse in den
Beiorten von Nowgorod, unter denen besonders dessen
„jüngerer Bruder" Pskow oder Pleskau an der Welikaja von Bedeutung war. Wenn auch die Vereinigung
von Nowgorod mit Rußland den Peterhof und überhaupt den Handel der Hanse schwer schädigte, so erkannte doch der Vertrag von 1689 zwischen Brandenburg und Rußland Nowgorod (Naugard) noch immer
als den vertragsmäßig dem deutschen Kaufmann zu-
stehenden Handelsplatz an.
Die Verbreitung des Magdeburger Stadtrechts und des
Sachsenspiegels in allen Dnjeprländern am alten Ostwege wurde durch zwei Erscheinungen hervorgerufen,
nämlich die litauischen Eroberungen, die sich auf das
ganze spätere Westrußland erstreckten, und die darauf
folgende Vereinigung von Polen und Litauen unter
den Jagellonen. Das Großfürstentum Litauen erwarb
im 14. Jahrhundert Gebiete, die seinen eigenen Umfang
um reichlich das Dreifache überschritten, und zwar
Weißruthenien oder Weißreußen mit Minsk, das Land
der Oberläufe von Düna, Njemen und Dnjepr, vergrößert im nächsten Jahrhundert durch das Fürstentum Smolensk, sodann die an Weißreußen grenzenden
rotreußischen oder ukrainischen Gebiete zu beiden
Seiten des Dnjepr mit Kiew, Wolhynien und Podolien
5

im Westen und mit Sewerien und den reußischen Nachbarländern bis zum Donezknie im Osten. Als 1386 Großfürst Wladislaw II. Jagello die polnische Königstochter Hedwig geheiratet, den polnischen Königsthron bestiegen und Polen und Litauen durch Personalunion vereinigt hatte, bewidmete er nach polnischem Vorbilde bereits 1387 seine Hauptstadt Wilna mit Magdeburger Recht, das 1390 Brest-Litowsk und anscheinend 1391 auch Grodno und Kowno in Litauen erhielten. Aber auch an Luck in Wolhynien erteilte er 1432 das Magdeburger Recht, das unter seinen Nachfolgern in den weißreußischen und ukrainischen Städten allgemein Geltung erlangte. So wurde das Magdeburger Recht in Weißreußen 1495 Bielsk Podlaski, 1498 Polozk, 1499 Minsk, 1503 erstmalig Witebsk an der Düna, 1511 Nowogrodek, 1577 Mohilew am Dnjepr und 1611, 1613 und 1623 Smolensk am gleichen Strome verliehen, während die ukrainischen Städte Shitomir und Kiew schon am Ende des 15. Jahrhunderts Magdeburger Recht hatten. Kiew erhielt dieses Recht unter König Alexander (1501—1506) und unter seinem Nachfolger Sigismund I. 1516 erneuert. Nach den vom Institut zur Erforschung des Magdeburger Rechtes veranlaßten Ermittlungen lebten im gesamten Rotreußen, d. h. den Ländern Lemberg und Halitsch (Ostgalizien), Wolhynien, Podolien und der Ukraine mehr als 700 Orte nach Magdeburger Recht.

Die Lubliner Union von 1569, welche die Personalunion von Polen und Litauen zur Realunion umformte und ganz Rotreußen Polen überließ, minderte keineswegs die Verbreitung des Magdeburger Rechtes, das ja von Polen auf Reußen übergegangen war, legte aber den Grund zur Spaltung von Rotreußen. Der links vom Dnjepr, dem heiligen reußischen Strome, gelegene Ostteil der Ukraine begann gemeinsam mit dem rechtsufrigen Kiewer Bezirk 1648 unter dem großen Hetman Bohdan Chmilnyzkyj den Freiheitskampf gegen Polen und erneuerte den eigenen ukrainischen Staat, der 1654 unter Wahrung der Selbständigkeit sich durch den Schutz des Moskauer Zaren gegenüber Polen sicherte. In diesem ukrainischen Militärstaat vollzog sich eine umfassende Rezeption des in Reußen eingeführten deutschen Rechtes. Das Magdeburger Recht, worunter außer dem Magdeburger Weichbildrechte namentlich der Sachsenspiegel und die Peinliche Gerichtsordnung Karls V., die Carolina von 1532, verstanden wurden, erhielt, während es in der Westukraine nur in den mit deutschem Rechte bewidmeten Städten und Dörfern als Partikularrecht galt, in der selbständigen Ostukraine die Stellung eines allgemein gültigen Rechtes für das ganze Staatsgebiet und war bei sämtlichen Gerichten vom Dorfgericht bis einschließlich zum obersten Generalgericht im Gebrauch. Die Bevölkerung empfand dieses Recht nicht als fremdes, sondern als nationales ukrainisches Recht. Die Kodifikation der „kleinrussischen Gesetze" von 1728—1743, wodurch die bisher gewohnheitsrechtliche Anwendung des Magdeburger und sonstigen deutschen Rechtes zum Gesetzesrecht werden sollte, blieb Entwurf, so daß die alte Rechtslage unverändert fortbestand. Als Zar Alexander I. am 29. Dezember 1801 der Stadt Kiew alle bestehenden Rechte und Sonderrechte der Bürger, soweit sie den allgemeinen Reichsgesetzen nicht widersprachen, bestätigte und damit namentlich Magistrat, Zunftwesen und Bürgerwehr weiter erhielt, errichtete die erfreute Stadt 1802 am Dnjeprabhang unter dem Zarengarten die etwa 22 m hohe Säule des Magdeburger Rechtes. Einem Verweis für den Gouverneur, der hierüber nicht berichtet hatte, folgten in wenigen Jahrzehnten besondere Russifizierungsmaßnahmen. Das

5 *

gesamte deutsche Recht fiel dem Ukas vom 30. Oktober 1831 zum Opfer, der zuletzt in Kiew am 23. Dezember 1834 durchgeführt wurde, wo noch die Säule an das Magdeburger Recht mahnend erinnert, das nach der Auffassung ukrainischer Gelehrter aus großen Dörfern ihres Vaterlandes europäische Städte mit gut geordneter Selbstverwaltung und einem blühenden Gewerbestande gemacht hat. Soweit Magdeburger und sonstiges deutsches Recht gegolten hat, ist für Moskau kein Raum gewesen.

Nicht Moskau, das die Herrschaft asiatischer Tataren (1238—1480) bis zur Gegenwart fortgesetzt und die Bezeichnung Reußen unberechtigt von den Dnjeprländern auf sein Staatswesen übertragen hat, sondern das Großdeutsche Reich, dessen Rechtskultur weite Teile des Ostraumes seit dem Mittelalter für Europa gewonnen hat, ist daher zur Gestaltung dieses Raumes geschichtlich berufen.

Der deutsche Wirtschaftsaufbau
in den besetzten russischen Ostgebieten

Von

Hans-Jürgen Seraphim

Wer die Völkergeschichte Europas vom geopolitischen
Standpunkt aus betrachtet, wird zur Erkenntnis gedrängt, daß ein charakteristisches Moment das Schicksal unseres Erdteiles auszeichnet: das Bestreben, sich
entsprechend dem Gefälle der Kultur auszubreiten.
Und da das Kulturgefälle sich in der Richtung von
Westen nach Osten bewegt, hat sich die Expansion
vorzugsweise in dieser Richtung vollzogen. Das gilt
vom deutschen Volk ebenso wie vom polnischen, ja
selbst wie vom russischen.

Begünstigt wurde diese so augenfällige und für die
kulturelle und wirtschaftliche Erschließung Europas
so wichtige Erscheinung durch die Oberflächengestalt
Mittel- und Osteuropas, die dank ihrer Tieflandstruktur
der Ausbreitung nach Osten keine nennenswerten
Schranken entgegenstellte. So hat denn insbesondere
das deutsche Volk seit der Völkerwanderung seinen
Siedlungsraum weit nach Osten vorschieben können,
vielfach auch über die Grenzen des Deutschen Reiches
hinaus.

In den baltischen Gebieten hat sich bis zum heutigen
Tage der deutschbestimmte Charakter auf kultureller
und wirtschaftlicher Ebene erhalten, im ehemaligen
Kongreßpolen haben nicht nur hunderte deutscher
Dörfer der Landwirtschaft ihr Gepräge verliehen, son-
dern darüber hinaus ist auch die Industrialisierung

ein Werk deutschen Gewerbefleißes; ja selbst im zarischen Rußland ist die deutsche wirtschaftliche Aufbauarbeit sehr maßgeblich an der Erschließung des Riesenreiches beteiligt gewesen.

Wenn ich alles dieses erwähne, so deshalb, um zu Beginn meiner Ausführungen klarzustellen, daß das deutsche Interesse am Osten gleichsam schon historisch bedingt ist. Das Gesicht des deutschen Volkes ist nun einmal in ganz entscheidender Weise nach Osten gerichtet. Im Laufe einer 1000jährigen Entwicklung haben wir teilgenommen an der Formgebung der dem deutschen Siedlungsraum vorgelagerten östlichen Länder und sie tiefgreifend beeinflußt.

Freilich, die eben skizzierte Entwicklungstendenz verlor wesentlich an Bedeutung seit der Begründung des Deutschen Reiches durch Bismarck oder, wirtschaftlich ausgedrückt, seitdem die deutsche Volkswirtschaft im Verlauf immer stärker zunehmender Industrialisierung auf die überseeischen Märkte angewiesen wurde. Gewiß blieb Rußland nach wie vor ein wichtiger Handelspartner für Deutschland, aber daneben gewannen Frankreich, England und die Überseeländer steigend an Bedeutung. Deutschland entwickelte sich zu einer wirtschaftlichen Weltmacht und wurde ein Teil der Weltwirtschaft liberaler Prägung. Als vollends nach dem ersten Weltkriege Rußland bolschewistisch wurde, sich damit innerlich von Europa abwandte, indem es ein Staats-, Gesellschafts- und Wirtschaftssystem schuf, das allen europäischen Traditionen widersprach und sich auch durch sein staatsmonopolistisches Außenhandelssystem vom Westen distanzierte — verlor der Osten trotz zeitweiliger entgegengesetzter Bestrebungen für Deutschland entscheidend an Interesse, besonders als nach 1933 die politischen

Gegensätze unüberbrückbare geworden waren. Schon vorher hatten die wirtschaftlichen Auswirkungen des Versailler Vertrages, so zum Beispiel die deutschen Reparationsverpflichtungen eine besonders enge Bindung der deutschen Außenwirtschaft mit den Staaten Westeuropas und mit den USA. zur Folge gehabt. Aber gerade die wirtschaftliche Unmöglichkeit der Erfüllung des Friedensvertrages mit ihren katastrophalen Wirkungen für die deutsche Wirtschaft, darüber hinaus aber auch für die ganze Weltwirtschaft, machten es Deutschland unmöglich, am bisherigen System festzuhalten. Schrittweise vollzog sich der Aufbau eines neuen Außenwirtschaftssystems, das dadurch gekennzeichnet ist, daß nunmehr wieder raumnahe, aufeinander angewiesene Volkswirtschaften in besonders enge wirtschaftliche Beziehungen zueinander treten und daß sich zwischen ihnen eine wirklich ökonomische Kooperation einspielt, die nicht nur den Außenhandel zum Gegenstand hat, sondern darüber hinaus auch eine Beeinflussung der Produktionsgrundlagen, mit dem Ziel, die „produktiven Kräfte", um mit Friedrich List zu sprechen, zu mobilisieren. Das wirtschaftliche Verhältnis Deutschlands zu den Staaten Südosteuropas mag für diese Tendenz zwischenstaatlicher Verflechtung beispielsweise angeführt werden. Daß der Ausbruch des gegenwärtigen Krieges diese Bestrebungen ungemein stimuliert hat, ist selbstverständlich. Dennoch muß betont werden, daß das Interesse Deutschlands an seinen kontinentaleuropäischen Wirtschaftspartnern nicht eine kriegsbedingte Erscheinung ist, sondern einer allgemeinen Entwicklungsrichtung entspricht und im Grunde nur eine historische Tradition wieder belebt, die allerdings unter den gegenwärtigen politischen und wirtschaftlichen Gegebenheiten eine spezifische Note erhält.

In diesem Zusammenhang gewinnt nun die Besetzung ehemals sowjetrussischer Gebietsteile eine besondere Bedeutung. Der Verlauf des Krieges im Osten, die Zertrümmerung Polens, die Okkupation der baltischen Länder, Weißrutheniens und der Ukraine stellen im Rahmen des kontinentaleuropäischen, von Deutschland geführten Wirtschaftsblockes einen höchst bedeutungsvollen Gebietszuwachs dar, der in hervorragender Weise geeignet ist, auf dem Gebiet der Rohstoffversorgung vorhandene Lücken zu schließen oder wenigstens zu mildern.

So liegt es in der Natur der Sache, daß Deutschland jetzt mehr denn je sein Gesicht dem Osten zuwendet und willens ist, hier seine historisch vorgezeichnete Aufgabe zu Ende zu führen. Worauf es ankommt, ist dies: die durch den Bolschewismus erzwungene Ostorientierung der Ukraine, der baltischen Länder und der anderen besetzten Ostgebiete rückgängig zu machen und die Rückgliederung in den europäischen Kultur- und Wirtschaftsbereich zu vollziehen.

Ich deutete es bereits an, daß es sich um Landstriche handelt, die in manchen Beziehungen als eminent wichtige Rohstoffkammern Europas gelten dürfen. Gestatten Sie, daß ich mit wenigen Strichen die Bedeutung der besetzten Ostgebiete charakterisiere.

Eine überragende Bedeutung besitzen sie zunächst als landwirtschaftliche Überschußgebiete ersten Ranges. Da ist zunächst einmal *das ehemalige Polen* zu nennen. Zwar ist es zutreffend, daß hier eine gewisse landwirtschaftliche Übervölkerung besteht, die aber zurückzuführen ist auf die verhältnismäßig primitive Agrartechnik, die geringe Erträge zur Folge hat. Es kann keinem Zweifel unterliegen, daß die bisherigen Ernteergebnisse noch wesentlich gesteigert werden können. (Wenn man als vorläufiges Ziel eine Ertragssteigerung

von 20 % aufstellt, dann lassen sich die Überschüsse
an Getreide von 1,1 Mill. t auf 3,5 Mill. t erhöhen.)
In den *baltischen Ländern* Estland, Lettland und Li-·
tauen sind die klimatischen und in Estland auch die
Bodenverhältnisse im intensiven Getreidebau nicht
besonders günstig, doch deckt die Getreideproduktion
den eigenen Bedarf reichlich. Wesentlich ist jedoch
der Anbau der Kartoffel. Zusammen mit einem starken Anbau von Futtermitteln ergibt das die Möglichkeit einer intensiven Viehzucht. Bezogen auf 100 Einwohner entfielen vor dem Kriege in den drei baltischen
Gebieten 55 Rinder (gegen 30 in Deutschland), davon
38 Kühe (gegen 15) und 43 Schweine (gegen 35 in
Deutschland). 1938 wurden insgesamt 350 000 Schweine,
15 000 t Bakon, über 55 000 t Butter und 125 Mill. Stück
Eier exportiert. Auch in den baltischen Ländern sind
beträchtliche Ertragssteigerungen möglich.
Von besonderem Interesse für die deutsche und kon-
tinentaleuropäische Agrarversorgung ist die *Ukraine*.
Es handelt sich bei ihr um ein landwirtschaftlich ziemlich gleichartiges Gebiet, das sowohl klimatisch wie
bodenstrukturell westöstlich zonal gegliedert ist und,
abgesehen vom Nordwesten, sehr günstige Bodenverhältnisse aufweist. Die Schwarzerde hat eine ungeheure
Verbreitung und prädestiniert die Ukraine zu einem
landwirtschaftlichen Produktionsgebiet ersten Ranges.
Die landwirtschaftliche Nutzfläche übertrifft mit
35 Mill. ha die des Deutschen Reiches vor seinen Ge-
bietserweiterungen in den letzten Jahren um 5,5 Mill. ha.
Der prozentuale Anteil des Ackerlandes an der Gesamtfläche betrug 1937/38 in der Steppenzone 80 v. H. (Die
natürlichen Grundlagen der Viehzucht, Wiesen und
Weiden, nehmen 15 v. H. der Gesamtfläche ein. Der
Futterpflanzenanbau nahm ein Zehntel und die technischen Kulturen nahmen rund 8 v. H. der Fläche ein.)

Von der gesamten Getreidefläche beansprucht der Weizenanbau in der ehemaligen Sowjetukraine fast 42 v. H. der Fläche, wobei in der Steppenzone nördlich des Schwarzen- und Asowschen Meeres der Anteil bis auf 80 v. H. steigt. (Der Maisanbau ist in der Ukraine mit 5,7 v. H. nur relativ schwach entwickelt.) Von der Getreidefläche liegen infolge der vorherrschenden Dreifelderwirtschaft 20 v. H. brach. Die Entwicklungstendenz ist in dem letzten Jahrzehnt dahin gegangen, den Anbau von Sommergetreide und vor allem von Mais einzuschränken, Winterweizen, Hackfrüchte und Futterpflanzen auszudehnen.

Trotz der guten Bodenverhältnisse waren vor dem zweiten Weltkriege die Erträge in der Ukraine gering und vor allem sehr schwankend, eine Folge einmal der klimatischen Verhältnisse, zum anderen der bolschewistischen Agrarpolitik, insbesondere der Kollektivierung des Bauerntums. Da für die Sowjetstatistik die Erträge auf dem Halm geschätzt werden, wodurch ein Abzug von etwa 15 v. H. notwendig wird, um zu den wirklichen Erträgen zu gelangen, und die Schätzungen aus objektiven wie subjektiven Gründen als überhöht angenommen werden müssen, da sie die Grundlage für das Ablieferungssoll der landwirtschaftlichen Betriebe darstellten, kommt den sowjetamtlichen Ziffern nur ein grober Schätzungswert bei. Unter diesem Vorbehalten ist beispielsweise der durchschnittliche Ertrag von 13 dz je ha (1937/1940) bei Getreide anzunehmen. Ich möchte glauben, daß der wirkliche Ertrag etwa bei 10 dz liegt. Auf den Kopf der Bevölkerung gerechnet entfielen 1938 240 kg Weizen (gegen 84 in Deutschland). Die Viehzucht hat durch die Kollektivierung schwerste Schädigungen erlitten. 1938 entfielen auf 100 Einwohner in der Ukraine 25 Stück Rindvieh (gegen 29 in Deutschland) und 25 Schweine

74

(gegen 34 in Deutschland). Von der Viehzucht aus ist also eine Erleichterung der kontinentaleuropäischen Versorgungslage nicht zu erwarten. Dagegen sind die Möglichkeiten auf dem ackerbaulichen Sektor groß. Entscheidende Grenzen setzen der Ertragserhöhung die natürlichen, vor allem die klimatischen Verhältnisse des Raumes entgegen, die nur zu einem Teil durch züchterische Maßnahmen, durch eine rationelle Bodenbearbeitung und durch eine zweckmäßige Wahl der Kulturen behoben werden können. Wenn man eine mögliche Ertragssteigerung von durchschnittlich 20 v. H. ins Auge faßt, dann dürfte damit das zunächst Erreichbare einigermaßen zutreffend geschätzt sein.

Um überhaupt zu einer ziffernmäßigen Vorstellung der Bedeutung des Schwarzmeerraumes als landwirtschaftliches Exportgebiet zu gelangen, ist zunächst von der Gegenwart auszugehen. Ein guter deutscher Kenner der ukrainischen Landwirtschaft, *Alexander Vaats,* hat kürzlich für den ukrainischen Wirtschaftsraum eine sehr sorgfältige Berechnung durchgeführt, der die Durchschnittsernten der Jahre 1909/1913 und 1937/1939 zugrunde liegen, und die unter Berücksichtigung des wirtschaftseigenen Verbrauchs bzw. des Konsums der Bevölkerung zu dem Ergebnis gelangt, daß mit einem normalen Brotgetreideüberschuß von 2,8 Mill. t und einem Futtergetreideüberschuß von 3,1 Mill. t gerechnet werden kann, insgesamt also mit 5,9 Mill. t. Auch nach Ausgleich der durch den Krieg hervorgerufenen Schädigungen der ukrainischen Landwirtschaft wird diese Menge tatsächlich allerdings kaum zur Verfügung stehen. Die notwendige Reservebildung für Mißwuchsjahre, der, wenn auch langsam, einsetzende Mehrverbrauch der vom Bolschewismus auf die unterste Grenze des physischen Existenzminimums gedrückten Bevölkerung werden es kaum zulassen, daß in absehbarer Zeit mehr als 4,5 Mill. t für Kontinentaleuropa zur Verfügung stehen. Der bei einer 20 %igen Ertragssteigerung erzielbare Exportüberschuß von rund 6 Mill. t stellt also das Maximum dar, was zur Deckung des Bedarfs der Zuschußländer bereitgestellt werden könnte. Zu sehr ähnlichen Ergebnissen kommen andere deutsche Berechnungen, so daß diese Richtzahl als annähernd zutreffend anzusehen ist. Zusammenfassend dürfen wir feststellen, daß bei einer 20 %igen Ertragssteigerung der Landwirtschaft in den gesamten besetzten Ostgebieten der Zuschußbedarf Kontinentaleuropas im wesentlichen gedeckt werden könnte.

Bedeutende Zukunftsaussichten haben im Schwarzmeerraum einige Spezialkulturen. Ich denke hier etwa an den Anbau von Baumwolle, der 1938 ein Areal von etwa 250 000 ha erreicht hat und mit einem Ertrag von fast 6 dz je ha durchaus lohnend ist. Ungemein stark verbreitet ist die Kultur der Sonnenblume, die rund 680 000 ha einnimmt. Tabak wird in großem Umfange angebaut, die Sojabohne kann leicht eingebürgert werden. Noch kaum abzuschätzende Aussichten hat die erst kürzlich entdeckte kautschukhaltige Kok-Sagys, die 1940 bereits auf einer Fläche von 130 000 ha angebaut wurde. Seit langem ist in der Ukraine die Zuckerrübe heimisch. Der ukrainische Zuckerrübenanbau (auf 875 000 ha) hat den größten Teil des gesamtrussischen Bedarfs gedeckt.

Unter den Industriepflanzen spielt in Weißruthenien und im Reichskommissariat Ostland der Flachs eine hervorragende Rolle. Insgesamt ergeben sich große Möglichkeiten, die für den kontinentaleuropäischen Wirtschaftsraum auszuschöpfen eine höchst lohnende Aufgabe ist. Damit ist die Zielsetzung der deutschen Wirtschaftspolitik in den besetzten Ostgebieten eindeutig gegeben. Auf dem Gebiet der Agrarpolitik kommt es zunächst darauf an, die Kriegsschäden zu überwinden und darüber hinaus nachhaltige Erhöhungen der Erträge herbeizuführen. In der Tat hat sich die deutsche Verwaltung gerade dieser Aufgabe mit besonderer Energie gewidmet. Da die Bolschewisten in weitem Umfang Maschinen und Traktoren vernichtet oder unbrauchbar gemacht und die leitenden Beamten der Kollektivwirtschaft evakuiert hatten, mußte eine der ersten Maßnahmen darin bestehen, für den notwendigen Ersatz zu sorgen. Unter Hintenansetzung der Bedürfnisse der eigenen deutschen Landwirtschaft sind viele Tausende deutscher Landwirtschaftsführer im Osten eingesetzt worden. Ihre Aufgabe ist es, jeweils mehrere ehemalige Kollektivwirtschaften nach den Weisungen der übergeordneten deutschen landwirtschaftlichen Verwaltungsstellen zu betreuen und zu leiten. Unter den obwaltenden besonders schwierigen Verhältnissen ist das keine leichte Aufgabe. Es ist aber erstaunlich, wie schnell es jenen Landwirtschaftsführern gelungen ist, sich in das ungewohnte Milieu einzuarbeiten und über Erwarten günstige Resultate zu erzielen.

Daneben schreitet die Ausstattung der Landwirtschaft mit Produktionsmitteln fort. Die Zahl der in der Ukraine eingesetzten Traktoren ist mit 40 000 sehr beträchtlich. Vielfach ist es auch gelungen, aus devastierten Maschinen an Ort und Stelle brauchbare zusammenzustellen. Darüber hinaus konnten aus den Beständen der ehemaligen Bauernwirtschaften seit langem unbenutzte Geräte wieder einsatzbereit gemacht werden. Auf diese Weise wurde es ermöglicht, die Bestellungs- und Erntearbeiten durchzuführen. Trotz der Frostschäden des ungewöhnlich kalten Winters 1941/1942 konnte deshalb im Herbst 1942 eine Ernte geborgen werden, die die Erwartungen übertraf und es der deutschen Verwaltung gestattete, nicht unbeträchtliche Überschüsse für die Versorgung der Armee, ja selbst für die Zivilbevölkerung in Deutschland bereitzustellen.

Neben diesen gegenwartsorientierten Maßnahmen laufen jedoch solche einher, die eine nachhaltige Ertragssteigerung und die gleichzeitig eine Beseitigung der bolschewistischen Agrarordnung, d. h. eine Eingliederung dieses Gebietes in die Wirtschaft Europas zum Ziel haben. Der bisher wichtigste Schritt auf diesem Wege ist die Einführung einer *neuen Agrarordnung.* Ehe ich auf ihr Wesen eingehe, gestatten Sie mir, meine Damen und Herren, mit wenigen Strichen die bolschewistische kollektive Agrarorganisation zu charakterisieren, die sie abgelöst hat. Denn erst eine solche Gegenüberstellung kann ihre spezifische Eigenart verdeutlichen.

Entsprechend der Grundhaltung des proletarischen Sozialismus ist oberstes Ziel die sog. Vergemeinschaftung des Wirtschaftssektors, negativ ausgedrückt die Vernichtung der Initiative des Einzelnen und als Konsequenz dieser Bestrebungen: die Aufhebung des Privateigentums an Produktionsmitteln. Auf dem agraren Sektor bedeutet das die Beseitigung eines selbständigen Bauerntums, die Sozialisierung des Grund und Bodens, die praktisch auf eine Verstaatlichung hinauslief und die Schaffung sowohl von Staatsbetrieben wie von Kollektivlandwirtschaften als einer ganz neuartigen Betriebsform, für die es bisher kein Vorbild gab. Aus der Negation der Selbständigkeit des bäuerlichen Wirtes, allgemeiner ausgedrückt der schöpferischen Persönlichkeit im Wirtschaftsleben folgt aber weiter der Zwang zur Nivellierung von Leistung und Einkommen, die am ehesten erreicht werden kann durch Entindividualisierung der Wirtschaftsführung, d. h. durch Schaffung mechanisierter Arbeitsgänge, die ihrerseits wieder den Großbetrieb zur Voraussetzung haben. Mit anderen Worten: Staatsgüter und Kollektivwirtschaften treten uns in Gestalt weitestgehend mechanisierter Großbetriebe entgegen, denen grundsätzlich alleinige Existenzberechtigung zugesprochen wird. Daß sich hiermit eine ganz bestimmte Arbeitsverfassung, gleichzeitig aber auch eine systemgerechte Verteilungs- und Einkommensordnung verbinden, ist nur folgerichtig.

Die Kollektivbetriebe erhalten ihr Gepräge durch den fundamentalen Tatbestand, das sie auf einer ehemals bäuerlichen Grundlage aufbauen und diese in eine neuartige Unternehmungs- und Betriebsform einschmelzen, wobei individuelle Dispositionsbefugnisse und damit auch die Nutzungsrechte entscheidend beschnitten oder sogar ganz aufgehoben werden. Die hierbei feststellbaren Gradunterschiede sind maßgebend für die Formen der Kollektivwirtschaften, bei denen demnach zu unterscheiden sind die Bodenbearbeitungsgenossenschaften, das Artel und die landwirtschaftliche Kommune.

Die gesetzliche Mustersatzung des Artels von 1934 ist die Grundlage der bolschewistischen Agrarverfassung geworden. Die Zusammenlegung der Individualbetriebe zu einem Großbetrieb, die Vergemeinschaftung des Inventars, die gemeinsame Wirtschaftsverrichtung und die auf die Einzelleistung nicht Rücksicht nehmende Verteilung des Ertrags ist also für das Artel kennzeichnend. Zu ihm gehört allerdings auch, daß der Kolchosbauer ein beschränktes Recht auf private Landnutzung von höchstens $1/_2$ ha Gartenland und auf private Viehhaltung hat. Von diesen Relikten der Privatwirtschaft abgesehen, vollzieht sich der ganze Arbeitsgang im

Kolchos. In ihm sind alle arbeitsfähigen Mitglieder der Wirtschaftsgemeinschaft zusammengeschlossen. Die Kolchosmitglieder sind nach dem Normalstatut in Arbeitsbrigaden gegliedert, die einen festen Aufgabenkreis zugewiesen erhalten. Tatsächlich ist demnach der Kolchosbauer zum ländlichen Lohnarbeiter degradiert, der am Wirtschaftserfolg so gut wie gar nicht interessiert ist.

Zusammenfassend dürfen wir feststellen: betrieblich gesehen ist in der Kollektivwirtschaft an die Stelle einer Vielzahl bäuerlicher Einzelbetriebe ein Großbetrieb getreten. Dieser hat in zunehmendem Maße ein mechanisiertes Gepräge erhalten, neben anderen Gründen schon deshalb, um eine möglichst weitgehende Gleichartigkeit des Einsatzes der menschlichen Arbeitskräfte zu ermöglichen und so die Voraussetzung für eine Nivellierung der Einkommensverhältnisse zu schaffen.

Die Schaffung einheitlicher Großbetriebe, ihre Ausstattung mit modernsten Maschinen und Traktoren, die von den MTS aus einheitlich eingesetzt wurden, hätten sich im Hinblick auf die Ertragsgestaltung günstig auswirken müssen. Es ist dies jedoch nicht eingetreten. Die Ernteerträge waren in den ersten Jahren der Kollektivierung stark rückläufig, stiegen dann an, übertrafen aber vor Ausbruch dieses Krieges die Erträge vor dem ersten Weltkrieg nur unbedeutend. Bei der Größe der landwirtschaftlichen Investitionen ein durchaus negatives Ergebnis. Geradezu erschütternd ist das Ergebnis der Kollektivierung auf dem Gebiet der Viehwirtschaft. Nach Durchführung der Kollektivierung sank der Viehbestand auf die Hälfte, z. T. sogar auf ein Drittel. Wenn die Statistik ab 1932 wieder ein Ansteigen der Viehziffern aufweist, dann hat sich dieses auf Grund amtlicher Sowjetangaben fast ausschließlich im bescheidenen privatwirtschaftlichen Sektor der Kollektivbauern vollzogen, nicht dagegen im gemeinwirtschaftlichen Sektor der Kolchose. Wenn trotz dieser betriebstechnischen Möglichkeiten objektiver Leistungsfähigkeit die tatsächlichen Leistungen der Landwirtschaft weit hinter dem von der Regierung Erstrebten und Erwarteten zurückblieben, so deshalb, weil die Leistungswilligkeit der kollektivierten Bauernschaft ungemein stark nachließ, und zwar deshalb, weil das Kollektivsystem vom russischen und ukrainischen Bauern als Zwangssystem angesehen wurde und wird, und die Einstellung der Bauernschaft zu ihm eine ausgesprochen ablehnende ist.

Diese Lage fand die deutsche Verwaltung in den besetzten Ostgebieten vor und mußte sich mit ihr auseinandersetzen. Das Ergebnis dieser Auseinandersetzung ist die deutsche Agrarordnung von 1942. Die Aufrechterhaltung der bisherigen Agrarstruktur kam schon deshalb auf die Dauer nicht in Frage, weil der innere Widerstand der bäuerlichen Bevölkerung zu groß war, und auf dem Lande ein so feinmaschiger Kontroll-, Verwaltungs- und Machtapparat wie der bolschewistische während des Krieges nicht zu schaffen ist. Die Wiedereinführung des bäuerlichen Individualeigentums mit entsprechend freier Dispositionsbefugnis verbot sich zunächst wenigstens in den Gebieten, in denen die Kollektivverfassung seit längerem eingebürgert war — anders lagen die Dinge in den ehemals polnischen und baltischen Gebieten —, und wo deshalb weder die sachlichen noch die personellen Verhältnisse hierfür geeignet erschienen. Andererseits mußte es der deutschen Verwaltung daran liegen, Betriebsformen zu schaffen, die einen rationellen Einsatz der beschränkt vorhandenen Produktionsmittel gestatten und zudem eine leicht kontrollierbare Erfassung ermöglichen.

6

Das ist unter den obwaltenden Umständen der Großbetrieb. Es galt demnach, den individualwirtschaft-
lichen Tendenzen des Bauerntums, den großbetrieb-
lichen Erfordernissen der deutschen Verwaltung und
den objektiven Gegebenheiten des in Frage stehenden
Raumes bei der Schaffung der neuen landwirtschaftlichen Struktur in gleicher Weise zu entsprechen. Es
geschah dies in folgender Weise. Die Sowjet-Staats-
wirtschaften werden als Staatsgüter in deutsche Verwaltung übernommen. Die bisher geltende Kolchos-
verfassung gilt als aufgehoben. Andererseits ist die
Bildung bäuerlicher Einzelwirtschaften nur unter bestimmten Voraussetzungen mehr ausnahmsweise zu-
gelassen. Der Übergang vom Kolchossystem zum
Einzelwirtschaftssystem erfolgt in zwei Formen, in
Gestalt der sog. „Gemeinwirtschaft" und der „Landbaugenossenschaft". Beide unterscheiden sich von der
Kollektivverfassung zunächst dadurch, daß das Hofland der Bauern diesem zum Privatbesitz übergeben
und von allen steuerlichen Leistungen befreit wird.
Dieses Hofland kann auf Antrag in geeigneten Fällen
vergrößert werden. Es ist hiermit also eine Zelle selbst-
verantwortlicher Wirtschaftsführung geschaffen und
gleichzeitig bei einem entscheidenden Punkt der bolschewistische Grundsatz einer totalen Vergesellschaf-
tung des ganzen bäuerlichen genutzten Grund und
Bodens außer Kraft gesetzt.
Im übrigen wird in den Gemeinwirtschaften das übrige
Wirtschaftsland gemeinschaftlich bearbeitet, wobei
die Mitglieder der Gemeinwirtschaft zur Arbeit auf
dem Acker verpflichtet sind, während die Viehwirtschaft individualisiert wird und keinen Beschränkun-
gen unterliegt. Es ist also ganz deutlich, daß auf
einzelnen Gebieten den Wünschen des Bauerntums
Rechnung getragen ist. Den Tendenzen einer indivi-

duellen Ackernutzung entspricht die Gemeinwirtschaft aber nicht.

Diesen Bestrebungen kommt dagegen die zweite Form der betrieblichen Landnutzung entgegen, die „Landbaugenossenschaft", die mit Zustimmung der deutschen Landwirtschaftsverwaltung gebildet werden kann, wenn die Mitglieder der Gemeinwirtschaften durch ihr wirschaftliches und sonstiges Verhalten die Voraussetzungen hierzu geschaffen haben. Auch in der Landbaugenossenschaft haben die Bauern ihr Hofland zum privaten Besitz, ebenso wie die Viehwirtschaft von ihnen einzelwirtschaftlich betrieben wird. Neuartig ist aber gegenüber der Gemeinwirtschaft, daß auch der Acker individuell genutzt wird, und zwar erfolgt die Aussonderung der Feldstreifen innerhalb der vorhandenen großen Schläge, so daß jeder Wirt in jedem Schlage ein Ackerstück erhält. Wenn technisch irgend möglich, erfolgt z. B. der Einsatz von Maschinen und Traktoren bei Bestellung und Aberntung einheitlich, die Pflege des Ackers jedoch individuell. Die gesamte Bestellung geht auf Grund einheitlicher Anbaupläne vor sich. Auch für das Ablieferungssoll ist die Landbaugenossenschaft als Gesamtheit verantwortlich. Auf diese Weise erstrebt man die Vorteile des Großbetriebes für Produktion und Verteilung zu verkoppeln mit den Vorteilen des Kleinbetriebes im viehwirtschaftlichen Sektor und vor allem mit der Stimulierung des individualbäuerlichen Wirtschaftsinteresses.

Aus dem Ausgeführten wird ersichtlich, daß die deutsche Agrarordnung in den besetzten Ostgebieten vor allen Dingen Ertragssteigerungen erstrebt und diese nicht zuletzt durch die Mobilisierung des menschlichen Leistungswillens herbeiführt. Als Mittel hierzu dient die Weckung des bäuerlichen Arbeitsinteresses. Die bisherigen Erfahrungen bei der Herbst- und Früh-

6*

jahrsbestellung haben gezeigt, daß die neue Agrarordnung trotz des ihr anhaftenden Charakters einer Übergangslösung die Leistungen des Bauerntums ungemein stark stimuliert hat und zweifellos in Zukunft noch weiter fördern wird. Sie darf als grundsätzlich wichtiger Schritt einer Angleichung an die mittel- und westeuropäischen Verhältnisse angesehen werden.

In denjenigen Teilen der besetzten Ostgebiete, die nur vorübergehend unter bolschewistischer Herrschaft standen, wie Estland, Lettland und Litauen, ferner die östlichen Landstriche des ehemaligen Polens, in denen also die Einführung der bolschewistischen Agrarordnung nur ein Zwischenspiel darstellt, war es möglich, das bäuerliche Individualeigentum in der früheren Form wiederherzustellen. Die endgültige Entscheidung darüber ist im Reichskommissariat Ostland durch die „Verordnung über die Wiederherstellung des Privateigentums vom 18. Februar 1943" erfolgt, die hier das Privateigentum auf Antrag wiederherstellt, sofern nicht die öffentlichen Interessen, insbesondere der Kriegswirtschaft dem entgegenstehen. Es zeigt sich bei den unterschiedlichen Regelungen in den einzelnen Teilen der besetzten Ostgebiete der ungleiche Grad ihrer Verbundenheit mit der westeuropäischen Entwicklung und die Differenzierung im allgemeinen Kulturniveau. So schwer aber jedoch diese Unterschiede wiegen mögen — als Generallinie bleibt bestehen, daß von seiten der deutschen Verwaltung grundsätzlich das Bestreben vorliegt, eine Loslösung vom bolschewistischen System der Sozialisierung der Wirtschaft herbeizuführen und den Grundsatz individuellen Wirtschaftens Schritt für Schritt durchzusetzen.

Dieselbe Tendenz tritt auch bei der Neugestaltung von Handwerk, Kleinindustrie und Einzelhandel entgegen. In den ehemaligen baltischen Staaten ist es die bereits

erwähnte Verordnung vom Februar dieses Jahres, die auch auf diesen Sektoren der Wirtschaft eine klare Entscheidung zugunsten des Privateigentums herbeiführt. In Galizien wurde schon im Juli/August 1942 die privatbetriebliche Nutzung dieser Wirtschaftszweige verfügt. In der Ukraine lagen die Dinge insofern wesentlich komplizierter, als hier durch die Sozialisierungsmaßnahmen des Bolschewismus das selbständige Handwerk bis auf kleine Reste vernichtet und in verstaatlichten Handwerker-Artels organisiert war. Unter diesen Umständen kam eine völlige Reprivatisierung von Handwerk, Kleinindustrie und Kleinhandel nicht in Frage. Zunächst galt es, die noch vorhandenen Gewerbetreibenden zu registrieren und entsprechend ihren Fähigkeiten zu klassifizieren. Nur diejenigen, die sich ihren Qualitäten nach zum selbständigen Handwerker eignen, erhielten die Berechtigung, sich als selbständige Meister niederlassen zu dürfen, während die anderen in den Meisterbetrieben oder in besonderen handwerklichen Arbeitsgemeinschaften zusammengeschlossen werden, die zur Durchführung größerer Aufträge von seiten der deutschen Verwaltung herangezogen werden. Die von den Bolschewisten verstaatlichten und mit Zwangscharakter ausgestatteten Handwerker-Artele werden in ihrer ursprünglichen historischen Gestalt wiederhergestellt, d. h. sie werden als freiwillige Zusammenschlüsse konstituiert, die in gemeinschaftlicher Arbeit ihrer Mitglieder bestimmte konkrete Aufgaben durchführen. Man hofft auf diese Weise im Laufe der Zeit wieder einen Stamm geschulter Handwerker heranbilden und damit einen Mittelstand schaffen zu können, der im Verlauf der letzten zwei Jahrzehnte weitestgehend dezimiert worden war.
Auf dem Gebiet der Großindustrie, des Großhandels und des Bankwesens liegen die Verhältnisse wieder

anders, und zwar insofern, als hier nicht einmal Ansatzpunkte für eine private Initiative bei der heimischen Bevölkerung vorhanden sind. Mit äußerster Konsequenz waren diese Sektoren der Wirtschaft in der Sowjetunion verstaatlicht worden. Die Privatunternehmer sind, soweit sie nicht geflohen sind, physisch vernichtet, verschleppt oder in Ausnahmefällen als „Spezialisten" im verstaatlichten Wirtschaftsapparat verwandt. Eine Wiederherstellung der früheren Rechtsverhältnisse kam deshalb nicht in Frage. Rechtlich hat das Deutsche Reich als Besatzmacht in den besetzten Ostgebieten die Verfügung über das gesamte staatliche Eigentum. Laut Verfügung vom 28. Mai 1942 ist das bewegliche und unbewegliche Vermögen der Sowjetunion zum „Sonderwirtschaftsvermögen" erklärt, das treuhänderisch verwaltet wird. Das gilt sowohl von den staatlichen Großlandwirtschaften (den Sovchosen) wie von allen übrigen Objekten. Diese werden deshalb auch durch die deutsche Verwaltung wirtschaftlich genutzt, sei es in eigener Regie, wie die Sovchose, sei es durch Heranziehung geeigneter Firmen aus dem Großdeutschen Reich, wie vor allem im Handelssektor, wo mit und ohne Beteiligung der öffentlichen Hand eine beträchtliche Anzahl von Handelsgesellschaften ins Leben gerufen ist mit dem Ziel der Versorgung der Bevölkerung und der Erfassung von Rohstoffen, die für die Kriegswirtschaft wesentlich sind.
In diesem Zusammenhang darf erwähnt werden, daß es nicht nur deutsche Firmen sind, die in den besetzten Ostgebieten ein Betätigungsfeld suchen und finden, sondern darüber hinaus auch Unternehmer aus Staaten, die die im Osten winkende Chance erkannt haben und sich deshalb für den gemeinsamen Aufbau des Ostens zur Verfügung stellen. Das gilt z. B. von Ungarn und von Holland, wo zu diesem Zweck eine be-

sondere Handelsgesellschaft begründet wurde, die ihre Tätigkeit bereits aufgenommen hat. — Bei der besonderen Kriegswichtigkeit des Bergbaues, der Energiewirtschaft und der Schwerindustrie ist es selbstverständlich, daß sich der deutsche Staat auf diesen Gebieten die Organisation der Wirtschaft selbst vorbehalten hat. Aber auch hier sind die Erfahrungen der privaten Unternehmerschaft z. T. miteingeschaltet. Jedenfalls ist man bestrebt, auch diese Zweige der Wirtschaft möglichst wenig bürokratisch zu organisieren und unter allen Umständen jenen starren Zentralismus zu vermeiden, der den bolschewistischen Staatsmonopolismus kennzeichnet und der notwendigerweise zu Reibungen, wirtschaftlichem Leerlauf und zu überhöhten Kosten geführt hat. Die Organisation der Industriewirtschaft in der Sowjetunion in Gestalt von Trusts, Syndikaten und Kombinaten wies die Tendenz zu Mammutbetrieben und staatlichen Riesenunternehmungen auf, die zwar die Einführung modernster technischer Errungenschaften ermöglichte, jedoch wirtschaftlich und sozial mit schwerwiegenden Nachteilen verbunden war. Insbesondere muß die völlig einseitige Entwicklung einer extrem spezialisierten Investitionsgüterindustrie (die zum großen Teil Rüstungsindustrie ist) Bedenken auslösen. Dieser in wenigen Industrierevieren konzentrierte Produktionsapparat ist durch die Kriegsereignisse stärkstens in Mitleidenschaft gezogen. Durch Mitheranziehung führender deutscher Großunternehmungen ist es schon jetzt gelungen, Teile der Industrie in Gang zu bringen. Die Schwierigkeiten, die es zu überwinden galt, kann sich der Außenstehende kaum vorstellen, und es ist ein Ruhmesblatt deutscher Organisationsfähigkeit, aus dem vorgefundenen industriellen Torso wieder einen aktionsfähigen, wenn auch verkleinerten Apparat geschaffen zu haben. Das gilt übrigens nicht nur von der Schwerindustrie, sondern auch von den einzelnen Zweigen der Konsumgüterindustrie, der Lebensmittelbranche (Molkereien, Mühlen, Zuckerfabriken) und der Güter für den täglichen Gebrauch, die neben den Heeresbedürfnissen in zunehmendem Maße auch den Bedarf der Zivilbevölkerung zu befriedigen beginnen. Der Aufbau des Industrieapparates ist heute soweit fortgeschritten, daß es bereits möglich geworden ist, in der Ukraine eine einheitliche Organisation der gewerblichen Wirtschaft zu schaffen.

Die künftige Gestaltung der Industrie in diesem Raum kann in der Gegenwart noch nicht endgültig geplant werden. Jedenfalls ist es unwahrscheinlich, daß die von den Bolschewisten eingeschlagene Linie einer forcierten Industrialisierung beibehalten wird. Die hypertrophe Aufblähung des Industriesektors, vor allem der Schwerindustrie, entspricht nicht den Bedürfnissen des ukrainischen Raumes und wohl auch nicht denen der großdeutschen Volkswirtschaft und Kontinentaleuropas. Es wird sich in Zukunft eine rationelle Arbeitsteilung auch auf diesem Gebiet durchsetzen müssen, die jedenfalls eine stärkere Betonung der Konsumgüterindustrien nach sich ziehen wird. Entscheidend werden neben politisch-kontinentaleuropäischen Gesichtspunkten natürlich auch ökonomische sein, z. B. solche der Arbeitskraftverwertung, der Transportkosten usw. In der Gegenwart sind es natürlich kriegswirtschaftliche Erwägungen, die darüber entscheiden, welche Unternehmungen zuerst in Betrieb gesetzt werden.

Überhaupt ist es vor allem wesentlich, die gegenwärtig vorhandenen Möglichkeiten auszuschöpfen und das Wirtschaftsleben zu normalisieren. Hierzu bedurfte es der Schaffung gewisser Grundlagen und Voraussetzungen. Die wichtigste bestand in der Ordnung des Währungs- und Kreditwesens, das den neuen Gegebenheiten angepaßt werden mußte. In Westpreußen und Wartheland, die ein Bestandteil des Deutschen Reiches geworden sind, wurde natürlich die Reichsmark eingeführt. Im Generalgouvernement wurde eine neue Notenbank geschaffen, die auf Zloty lautende Noten herausgibt. In dem Reichskommissariat Ukraine kam es ebenfalls, und zwar Anfang 1942, zur Begründung einer Zentralnotenbank. Das gesetzliche Zahlungsmittel ist hier der Karbowanez, dessen Wertverhältnis zu Reichsmark 10 : 1 beträgt. Die im Umlauf befindlichen Sowjetnoten wurden eingezogen und damit die Einheit der Währung hergestellt. Auch im Reichskommissariat Ostland kam es in engster Anlehnung an die dort eingeführten Reichskreditkassenscheine zur Schaffung eigener auf „Ostlandmark" lautender Banknoten. Auf dieser Basis konnte an den Aufbau eines Kreditapparates herangegangen werden, der in Westpreußen, im Wartheland und im Generalgouvernement mit Hilfe deutscher Banken aufgebaut wurde, während im Ostland neben den heimischen Kreditanstalten und einigen deutschen Privatbanken eine neue öffentlichrechtliche Institution (die Gemeinschaftsbank Ostland) errichtet wurde, und in der Ukraine, wo die Verhältnisse dank des Erbes der langen Bolschewistenzeit ganz besonders schwierig gelagert sind, nur öffentlichrechtliche Kreditanstalten in Gestalt der sog. „Wirtschaftsbanken" ins Leben gerufen wurden. Damit ist von dieser Seite her die Möglichkeit geschaffen, das Wirtschaftsleben wieder in Gang zu bringen und gleichzeitig einen Anschluß an die deutsche Volkswirtschaft zu vollziehen.

Wenn wir endlich noch bedenken, daß auch von seiten des Verkehrs dieselbe Tendenz unterstützt wird, indem die russische Spurweite der Eisenbahnen auf europäische umgenagelt und ein Ausbau des Wegewesens in Angriff genommen wurde, ebenfalls mit dem Ziel, den Anschluß an Europa zu fördern, dann sind die wichtigsten Maßnahmen angedeutet, die auf wirtschaftlicher Ebene getroffen sind, um die östliche Orientierung der besetzten Gebiete in eine westliche Orientierung umzulenken.

Mit diesen rein wirtschaftlichen Maßnahmen hat es aber nicht sein Bewenden, denn wenigstens diejenigen Gebiete, die Bestandteile des Reiches geworden sind, müssen auch kulturell und völkisch mit dem Reich fest verbunden werden. Wenn man in Erwägung zieht, daß der ehemalige polnische Staat seit 1918 fast 800 000 Deutsche aus Westpreußen und Posen verdrängt hat, und dank der rigorosen Polonisierungspolitik alle entscheidenden wirtschaftlichen Positionen dem dort siedelnden Deutschtum entrissen worden waren, wird der Entschluß des Führers verständlich, nach jahrhundertelangen Nationalitätenkämpfen hier endlich eine Bereinigung der Volkstumsgrenzen und eine großzügige Umsiedlung herbeizuführen. Das deutsche Volk hat dabei ebenso Opfer zu bringen wie das polnische, denn im Zuge der Umsiedlungsaktion haben Hunderttausende von Deutschen aus den ehemaligen baltischen Staaten, aus Wolhynien, Bessarabien, der Bukowina, der Dobrudscha und neuerdings aus Bosnien ihre Heimat verlassen und haben sich dem Aufbau der neuen deutschen Ostgaue zur Verfügung gestellt. Das war kein leichter Entschluß, aber ein notwendiger, da es darum geht, in einem alten deutschen Kulturland die Verhältnisse zu stabilisieren. Trotz der kriegsbedingten Schwierigkeiten ist es gelungen, in kurzer Zeit über 400 000 Siedler in Stadt und Land ansässig zu machen, eine organisatorische Leistung ersten Ranges. Daß hiermit auch eine tiefgreifende wirtschaftliche Aufbauarbeit eingeleitet wurde, braucht nicht besonders betont zu werden.

Es ist dies der erste Schritt auf dem Wege einer zielklaren völkischen Wirtschaftspolitik, die in dieser Form allerdings nur diejenigen Gebiete betrifft, die unbestreitbar nach Geschichte, Kultur und Wirtschaftsleistung deutschbestimmt sind. Die Völker des Generalgouvernements, des Ostlands und der Ukraine, die ebenfalls dem deutschen Machtbereich eingegliedert sind, werden in ihrer völkischen Eigenart nicht berührt, ja erst die Stärke des Deutschen Reiches sichert ihnen ihre völkische Existenz, die der Bolschewismus zu vernichten drohte. Die Parole lautet hier: Eingliederung in den europäischen Kultur- und Wirtschaftsbereich, Entfaltung der in diesen Gebieten schlummernden wirtschaftlichen Produktivkräfte und damit Stärkung der kontinentaleuropäischen Wirtschaftsgemeinschaft! Damit sind wir am Ausgangspunkt meiner Ausführungen angelangt. Die geschichtliche Aufgabe des deutschen Volkes und seines Staates weist nach Osten. Durch Jahrhunderte, ja durch ein Jahrtausend hat das deutsche Volk seine überlegene Kultur und Wirtschaft in den Dienst der östlichen Völker gestellt. Die große Auseinandersetzung mit den angelsächsischen Nationen und mit dem Bolschewismus hat diese Aufgabe auch für die Gegenwart und Zukunft erneut als entscheidend sichtbar werden lassen. Ihre Verwirklichung wird auf lange Zeit die besten Kräfte des deutschen Volkes in Anspruch nehmen. Aber das Ziel, das uns winkt, ist des Einsatzes wert: die wirtschaftliche Konsolidierung unseres Kontinents, die nur erreicht werden kann, wenn die Möglichkeiten ausgeschöpft werden, die der Osten in so reichem Maße bietet.

Das deutsche Element in der Kunst Osteuropas

Von

Hermann Weidhaas

Hinter einem rollenden Tigerkampfwagen eilt, die Brille auf der Nase, einen Stoß Bücher unter dem Arm und ziemlich außer Atem, ein deutscher Gelehrter daher und ruft im Getöse des Geschützfeuers den Männern im Tank etwa zu: „Großartig, daß Ihr dieses Dorf eben erobert habt, da befindet sich eine spätgotische Figur der Schule des Veit Stoß, nun aber bitte auch noch die Stadt dort, da gibt es Bürgerhäuser mit frühbarocker Dekoration schlesischer Art, und auf jenes Tal dort haben wir Deutschen schon längst Anspruch, da sind im 16. Jahrhundert ein Dutzend Namen deutscher Künstler nachweisbar."

Ich habe dieses Bild, da die groteske Vorstellung allzu unvollziehbar ist, in meinem Vortrag nicht gebraucht. Aber wenn ich mir das Erlebnis der Menschen vergegenwärtige, denen ich in der Akademie in Braunschweig begegnet bin, wird mir erst ganz deutlich, wie wenig die Geisteswissenschaft den Sinn und das Recht hat, Aktualität zu suchen, indem sie legitimieren möchte, was allein durch Macht, Wille und Notwendigkeit bestimmt ist. Aber wenn der Kunsthistoriker vom Osten redet, dann erhält allerdings sein Wort Gewicht und Bedeutung durch das Blut, das nun wieder in diesem fernen und fremden Land fließt, und diese Aktualität gibt aller Arbeit an einem Gegenstand die besondere Würde, der als solcher nicht zu den reizvollsten der Kunstgeschichte gehört. Darum hat es Freude gemacht, denen, die dort gekämpft haben, etwas berichten zu dürfen davon, daß dem deutschen Kampf, der dort ausgefochten wird und der nicht der erste deutsche Kampf dort ist, deutsche Leistung vorangegangen ist, und daß von solcher Leistung, nachdem die Menschen längst erloschen sind, am beständigsten die Denkmäler der Kunst zeugen. Und dieses Zeugnis enthält die Verpflichtung zu neuer schöpferischer Leistung, ohne die alle, deren wir in Ehrfurcht gedenken, vergeblich gelitten haben und gefallen sind.

Noch ehe das Reich seine zunächst an der Elbe und Saale verlaufende Ostgrenze beginnt weiter nach Osten vorzuschieben, noch ehe der große deutsche Wanderzug nach Osten einsetzt und unzählige Güter deutscher Sach- und Geisteskultur dorthin trägt, greift das deutsche Element in der kunstgeschichtlichen Entwicklung weit nach Osten vor. In dem Augenblick, wo die dort lebenden slawischen Stämme sich erstmals einer geschichtlichen Existenz bewußt wurden, in dem sie ihre partikularistischen Kulte zugunsten einer im geographischen Sinne und im Sinne ihres Anspruches und ihrer Verkündigung universalen Religion aufgaben, in dem sie die Staaten bildeten, denen für Jahrhunderte Beständigkeit gegeben sein sollte — während alle früheren Gründungen nur episodisch geblieben waren —, in diesem Augenblick lernten sie von den Deutschen den monumentalen Steinbau aus zurechtgehauenen Steinen und mit abbindenden Mörteln kennen, wurden ihnen ungeahnte technische Fortschritte auch im Holzbau mitgeteilt. Monumentale Kunst gibt es nur, wo echtes Geschichtsbewußtsein vorhanden ist. Selten einmal treffen der Zeitpunkt ersten Geschichtsbewußtseins und der Übernahme der Voraussetzungen monumentaler Kunst so scharf zusammen wie im östlichen Mitteleuropa. Daß diese Voraussetzungen ebenso wie die Grundlage jener neuen, geschichtsfähigen Kraft, das Christentum, beide und gleichzeitig aus dem Reich kamen, mußte den Osten unlöslich an das Reich verhaften.

Seine ersten Baudenkmäler sind noch erfüllt von der scheuen und bewundernden Erinnerung an den Herrscher, der den Slawen als der Zerschmetterer der Awaren, ihrer Unterdrücker, und der Schöpfer eines abendländischen Weltreiches (des ersten, seit Slawen im Abendlande wohnen) bekannt wurde, an Karl den Großen. Diese uralten, kleinen Kapellen in Gnesen, Krakau, auf dem Lettberger See lassen sich alle mittelbar auf karolingische Vorbilder zurückführen. Mit dem fortlaufenden Vorgang des Eintrittes in die Geschichte aber genügen sie nicht mehr. Nun wendet sich der Blick nach Sachsen, in das Stammland und den Mittelpunkt der großangelegten Politik der Ottonen. Gnesen und Krakau erhalten Kathedralen sächsischer Art, noch im Anfang des 12. Jahrhunderts bezeugt die wehrhafte Andreaskirche in Krakau die Verbindung mit der hochentwickelten Romanik Niedersachsens. Romanische Einzelheiten dringen bis in den orthodoxen Osten. Wir lernen sie schon an der Sophienkathedrale von Nowgorod (erste Hälfte des 11. Jahrhunderts) kennen und deutlicher noch an dem gebundenen System, in dem dort in der Gegend am Ende des 12. Jahrhunderts die kleine Kirche St. Nikolaus am Lipno errichtet wird: an die Stelle einer sich dem Zufall überlassenden Gestaltung tritt nun ein Bauen in festen Verhältnissen, an die Stelle naiver Formlosigkeit die strenge Bewußtheit eines geordneten Gebildes. Diese Beobachtung wiederholt sich auch später sehr oft dort, wo das deutsche Element irgendwie wirksam wird.

94

Wo es baut, muß es nach neuen technischen Möglich-keiten suchen, da die vorhandenen Baustoffe und die Sachkenntnis der einheimischen Mitarbeiter es in der Regel nicht zulassen, die heimischen Gewohnheiten fortzusetzen. Aus der Not wird eine Tugend. Der da-mals noch nicht deutsche Osten jenseits der Elbe wird zu dem Ort, wo sich eine neue Baukunst von höchster Monumentalität entfaltet, der nordische Backsteinbau. Auf den sumpfigen Lichtungen der Wälder, im unge-pflegten Grasland des Sandbodens erheben sich über das Gewimmel sich kaum vom Erdreich aufraffender Bauernhütten die großflächigen Kuben hochgetürmter, ernster Klosterkirchen, die strengen Münster der Zister-zienser, Anfänger und zugleich Meisterwerke eines Stiles, der säkulare und wahrhaft gemeinabend-ländische Bedeutung gewinnen sollte, ein Gegenstand jäher Bewunderung unter denen, die sie um einen neuen Geist und zu neuer Arbeit sammeln sollten, von einer werbenden Kraft wie kein Wort, kein Gesetz, keine gewonnene Schlacht sie je hätte haben können.
Das ist auch der Ton, in dem die steinerne Sprache der großen Bürgerbauten redet, nachdem mit der deutschen Ostsiedlung seit dem 13. Jahrhundert nun immer mehr auch im biologischen Sinne das deutsche Element im Osten heimisch geworden ist. Anders als in der gleichzeitigen Gotik des Reiches sind die Kirchen, Rathäuser, Tuchhallen und Dome der rasch wachsenden Städte minder reich an vom Steinmetz erstellten Details, in reiner Silhouette lagern ihre mächtige Kuben, ihre gewaltigen Dächer wie sagen-hafte Muttervögel über der Schar der Bürgerhäuser. Sie sind auf Fernwirkung berechnet. Noch in weiter Sicht sollen sie der oft feindseligen slawischen Bevöl-kerung auf dem flachen Lande etwas von der Stärke deutschen Wesens und von dem sagen, was der Slawe

damals noch nicht selbst vermochte. Das Innere dieser Bauwerke ist manchmal nicht ohne Pracht, aber die Komposition und die Einzelformen sind in der Regel einfacher, leichter faßlich, ohne die weltumspannende, weltumstürzende und schließlich meist weltverlierende Problematik der klassischen deutschen Gotik. Das gilt auch zunächst von Malerei und Plastik. Es ist weder zurückgebliebene Bildung des Geistes, die bei solcher Einfachheit der Gestaltung verharrt, noch enger Geiz, der etwa den Aufwand scheut, sondern die notwendige Nüchternheit einer Gesinnung, die dort im Osten, unter lauter Neuanfängen, unter Bedrohungen, die das Bürgertum des Reiches so fortwährend gegenwärtig nie gekannt hat, naturnotwendig ist, ein Realismus, dem Stärke des Gefühls, edler Idealismus nicht fremd sind, der aber doch alle Exaltation, wie sie der Gotik des 14. Jahrhunderts nicht ganz fern lag, vermeidet.

Seit der Mitte des 15. Jahrhunderts aber legt sich über das deutsche Bürgertum des Ostens ein ungeheurer, schwerer und dennoch durch und durch schöpferischer und vitaler Ernst. Die Situation der Grenze wird nun nicht mehr bloß aus der ständigen Auseinandersetzung mit einem immer bedrohlicher wachsenden und sich auch politisch und kulturell stärkenden Volkstum erlebt. Hinter dieser überlieferten Gefahr, der man mit der Kraft immer größerer Leistung, mit einem schon ins Gigantische gehenden Willen begegnet — der alle Maße sprengende Marienaltar des Veit Stoß für die Marienkirche in Krakau ist dafür das wichtigste kunstgeschichtliche Denkmal — hinter jener Gefahr tritt eine neue, viel furchtbarere hervor — der Türke. Er schneidet die Handelsverbindung ab, auf denen das Bürgertum die Erzeugnisse seines Fleißes verkauft hat. Wo er hintritt, da wächst für Jahrhunderte kein Gras mehr, da erlöscht alles Leben, das höher ist als men-

schenunwürdig und viehisch. Hier, an der gefähr-
detsten Grenze, erlebt das deutsche Wesen zum ersten
Male und am frühesten jene große Besinnung, die
Wendung zum Zeitalter der Reformation bedeutet und
sich kunstgeschichtlich in dem frommen Realismus,
dem von chiliastischen Ahnungen gespeisten Schöpfer-
tum der spätgotischen Malerei und Plastik der deutschen Städte Osteuropas bezeugt. Höhepunkt bleibt
Veit Stoß. Von ihm führt ein unmittelbarer Weg zu
den Großen, denen er im Lebensalter und auch in der
kunstgeschichtlichen Aufgabe vorangeht, zu Dürer,
Nithart, Vischer, Kraft, Riemenschneider. Daß er
nach Nürnberg zurückkehrt, war nicht personal-
geschichtlicher Zufall, sondern geschichtliche Notwendigkeit. Nur in einem Mittelpunkt, wo alle Kräfte
universaler deutscher Tradition vereinigt waren, nur
in der Mitte des Reiches, konnte die Entwicklung, die
an seiner Grenze eingesetzt hatte, zum vollkommensten
Ziele führen.
Mit dem Ende der großen Bürgerzeit des deutschen
Ostens hört der Zeitraum unmittelbarer deutscher Be-
wirkung auf. Ihn löst ein Vorgang ab, der nicht minder
eindrucksvoll ist. Der deutsche Geist entfaltet sich als
der faustische zum Wesen des nordischen Barocks.
Der Fülle dieses neuen Seins, dem krausen Leben, der
sich in allen Tiefen überstürzenden Vitalität, dem von
den Schrecken der Inquisition und der Religionskriege
umgetriebenen Suchen des deutschen Barockmenschen
entnimmt der osteuropäische Mensch, selbst noch viel
mehr ein Suchender und Fragender einen Vorrat von
Möglichkeiten, sich selbst zu gestalten, sich selbst zu
finden und an den Gütern und Wegen, die der deutsche
Barock darbietet, zu einem eigenen Dasein empor-
zuranken. Die Affinität zwischen einem entwicklungs-
geschichtlich gegebenen Barock im Reiche und den
7

Niederlanden und der gleichbleibenden Uranlage und Neigung des Osteuropäers für das Barocke führt diesen in die ganze Geisteswelt des europäischen Barocks ein und schließt ihn damit an die Geistesgeschichte Europas an. Erst seitdem ist der Osteuropäer ein Europäer. Daß dieser Vorgang von einem Zustrom deutschen Elementes im biologischen und künstlerisch-formalen Sinne begleitet war, ist selbstverständlich. Noch stärker aber war das Lehngut, das zunächst im östlichen Mitteleuropa wie in einem Filter verarbeitet wurde und nun gleichsam schon zubereitet weiter nach dem Osten drang und in fortwährender Umbildung noch im Anfang des 18. Jahrhunderts die Ufer des Gelben Meeres erreicht hat.

Was nun folgt, ist gleichsam eine fortdauernde Bestätigung der Verbundenheit des Ostens mit dem Westen, die der deutsche Barock vermocht hatte. Wir könnten viele Beispiele und Meisternamen nennen. Eine neue Epoche deutsch-östlicher Beziehungen aber scheint erst mit den großen Ereignissen dieses Krieges beginnen zu wollen.

Das zweite Gesicht des russischen Menschen

Von

E. von Sievers

Jedes Verstehen ist bekanntlich ein tastendes Vorfüh-
len, gestützt auf den Versuch, fremde Werte auf die
eigenen Maßstäbe umzulegen, um so die Handlungen
des anderen nachempfindend zu begreifen. Von einigen
Beobachtungen ausgehend, die man glaubt, deutend
erhellt zu haben, wird eine flüchtige Skizze der fremden Persönlichkeit entworfen, ein vorläufiges Bild, das
manche Linie nicht voll auszieht und dessen Züge man
mit fortschreitender Erfahrung immer wieder ergänzt[1].
Nachträgliche Erkenntnisse lassen sich so dem vor-
läufigen Entwurf einfügen und modifizieren oft den
skizzenhaften Niederschlag des ersten Eindrucks nicht
unerheblich. Manchmal geschieht es aber, daß man
auf Tatsachen stößt, die schlechthin unverständlich erscheinen, die durch keine Interpretation in Zusammenhang mit den bisher aufgezeichneten Zügen zu bringen
sind, die die Einheit des Persönlichkeitsbildes stören,
indem sie ein zweites Gesicht heraufbeschwören. Solche
unvereinbaren Züge tauchen mitunter sogar im Bilde
nahestehender Menschen beklemmend auf und lösen
ein schockhaftes Nichtverstehen aus.
Es ist also kein Wunder, daß ein Versuch in ein so
fremdartiges Seelenleben, wie das des Russen, und gar

[1] Vgl. S t a v e n h a g e n , Charismatische Persönlichkeitsmeinungen,
S. 16, Pfänder-Festschrift. Barth, Leipzig 1930.

noch des Bolschewisten, verstehend vorzufühlen, unvermittelt auf Kontrasterscheinungen stößt, die solch ein absolutes Nichtverstehen hervorrufen. Im zaristischen Rußland war ein ausdrucksvolles Beispiel hierfür, das verwöhnte junge Mädchen aus vornehmer Familie, das mitten aus seiner schwärmerischen Begeisterung für den Zaren heraus, sturzhaft eine totale Schwenkung in die vorderste Linie einer Anarchistengruppe vollzieht, um dort — als neuer Mensch — mitleidslos Zar und Staat mit allen Mitteln des „Terrors von unten" zu bekämpfen und oft selbst vor den Grenzen der eigenen Familie nicht haltzumachen. Ausmaß und Plötzlichkeit der Verwandlung, die wie der Durchbruch eines zweiten Wesens anmuten, schließen von vornherein naheliegende, aber oberflächliche Deutungsversuche, wie jugendliches Schwärmertum, Einspielen von Liebeserlebnissen u. a. m. als zureichende Gründe aus.

Im Rahmen des heutigen Kriegserlebnisses stoßen wir auf eine nicht weniger paradoxe Erscheinung. Bekanntlich wird immer wieder die Erfahrung gemacht, daß derselbe Ostmensch, der eben noch — selbst in aussichtsloser Lage — bis zur völligen Vernichtung für den Sowjetstaat zu kämpfen bereit war, nach seiner Gefangennahme oft jäh umschlägt, und zwar nicht nur seinen bisherigen Feinden dient, sondern sogar gegen den Bolschewismus ficht, für den er sich eben noch opfern wollte. Um dieses Verhalten zu begreifen, genügen natürlich Hinweise auf Drill, Abrichtung, Kommissar und Maschinengewehre nicht, deren Fortfall in der Gefangenschaft den Russen sofort zum Abfall vom Bolschewismus bringen soll. Sie tasten bestenfalls an der Schale der Erscheinung herum, ohne ihren Kern zu erfassen. Denn Drill und Furcht sind nur äußere Stützen, wohl geeignet in Momenten vorübergehender Schwäche ergänzend wirksam zu werden,

100

aber doch nicht der eigentliche Kraftquell, der den Russen zu seiner hartnäckigen Kriegführung befähigt. Dieser Kern ist immer und überall dort, wo bis zur Selbstvernichtung gerungen wird, seelisch-geistiger Natur. Wir müssen also nach den Ursachen fragen, die im Wesen des Russen verankert, seine durch Abrichtung und Überwachung verstärkten Widerstandskräfte begreiflich machen, und deren Kenntnis, vor allem den Schlüssel für die oft beobachtete Achsendrehung liefert, die er nach seiner Gefangenschaft vollführt. Und da diese Frage offenbar nur einen besonders ausgezeichneten Spezialfall der rätselhaften Variabilität des Russen behandelt, muß sie erweitert werden zu der ganz allgemeinen Frage nach den Ursachen dieser Variabilität überhaupt.

Das Nachstehende soll einen Beitrag zum Verständnis der seltsamen Schwankungserscheinungen der russischen Mentalität bieten, indem es eine tragische Verklammerung auseinanderstrebender Elemente im russichen Wesen als entscheidende Ursache bloßlegt, und damit die Möglichkeit gewährt, auch dort noch deutend fortzuschreiten, wo sonst nur zu leicht grelle Kontrasterscheinungen jeden Zugang zur Klärung verschütten.

Wir wollen den Russen unter dem dreifachen Gesichtspunkt von Boden, Blut und Geist betrachten: geopolitisch als Partner einer Charakterlandschaft und Element eines Charakterlandes, rassisch als Produkt mannigfacher Blutmischung und geistesgeschichtlich als Überlagerung verschiedenfacher kultureller Schichten.

Beginnen wir mit dem Raum. Die geographische Grenzlinie, die Asien und Europa scheidet, ist keineswegs eine klare Schranke zweier getrennter Einflußsphären.

Die Grenzgebirge Asiens werfen gewissermaßen ihre Schatten nach Europa hinein und verleihen dem von ihnen überschatteten Boden ein seltsames Sonderansehen. Im Verhältnis zum eigentlichen Europa hat dieser Raum etwas Fremdes, Ostisches, voll verschwiegener Eigentümlichkeit. Nach Westen zu läßt dieser Einfluß fühlbar nach, die Schatten lichten sich, bis sie an einer zweiten Scheidelinie, die zwar nicht imposant aufragt, wie der Ural, sondern sich als Gegenstück zu ihm vornehmlich in einer Kette wenig auffälliger Senken und Niederungen kundtut, zum Erliegen kommen. Westlich dieser Schranke ist unverkennbar Europa, während der Raum nach Osten zu, um der vielen fremden Einflüsse willen, bestenfalls als Vorfeld Europas angesprochen werden kann. Es handelt sich bei dieser zweiten Grenzscheide weniger um eine Linie, als um einen Gürtel, den sog. Warägischen Grenzsaum[2]). Seine seit langem erkannte Bedeutung besteht darin, daß er zwei wesensverschiedene Naturgebiete[3]) gegeneinander abzeichnet.

Unter Naturgebiet soll dabei ein „geographisches Individuum" (Ritter) verstanden werden, eine fest umrissene Charakterlandschaft[4]), wie sie sich aus der gleichartigen Beschaffenheit der Pflanzen- und Tierwelt, des Klimas und des Bodens ergibt. Es sind naturgegebene Kräfte, die sich in wechselseitiger Anpassung und Durchdringung miteinander verschmelzen und zu einer Einheit zusammenwachsen. Der Grenzsaum, ein Streifen von unterschiedlicher Breite, führt vom Weißen- bis zum Schwarzen Meer und wird vorwiegend durch Seen, Flüsse und sonstige Niederungen markiert. Sein

[2]) Vgl. A. P e n k, Die natürlichen Grenzen Rußlands. Berlin 1917.
[3]) Vgl. F r. R a t z e l, Politische Geographie. München und Berlin 1923.
[4]) Vgl. W. V o g e l, Das neue Europa. Bonn und Leipzig 1923. 2. Aufl.

westlicher Rand zieht sich über Onega- und Ladogasee, Narowa, Peipussee und Welikaja bis zur Polessje
hin und von dort, längs dem Dnjepr, bis zum Schwarzen Meer. Der Ostrand ist etwa durch Wolchow, Lo-
wetz, den Mittelrussischen Höhenrücken und den Donez
gekennzeichnet. Am schärfsten ist die Grenze, geologisch gesehen, im Norden gegen Fernoskandia — die
schwedisch-finnische Charakterlandschaft — gezogen,
ferner längs dem Dnjepr, wo die Dnjeprniederung die
granitne Schwelle der Ukraine von der Russischen Tafel
auch geologisch scheidet, und am Donez, dessen kohlen-
reiche Höhen sich eindrucksvoll von der Russischen
Platte abheben. Die westlich dieses Grenzsaums gelegenen Gebiete stehen klimatisch noch vorwiegend
unter dem Einfluß der Ostsee, des Schwarzen- und des
Asowschen Meeres, die sie im Norden und Süden um-
spülen und ihnen denselben meerumschlungenen Charakter verleihen, wie ihn das übrige Europa besitzt.
Abgesehen von der Ukrainischen Steppe, bestimmen
Wiesen, Heide und gemischte Wälder das Landschaftsbild, in welchem sich eine Tierwelt zeigt, die derjeni-
gen der entsprechenden europäischen Gebiete ähnelt.
Typisch asiatische Vegetationsformen, so z. B. die in
einer unabsehbaren Folge von Nadelwäldern sich hin-
ziehende sibirische Taiga, oder die Wüste in ihren
vielfältigen Formen, fehlen in diesem Gebiet fast voll-
ständig. So bietet schon die Landschaft an sich ein
Gepräge dar, das es gestattet, sie als eine Fortsetzung
der über Frankreich und Deutschland sich nach Osten
erstreckenden Ebene anzusprechen[5]. Die sich gegen
Osten deutlich absetzende Gestalt dieser natürlichen
Charakterlandschaft nimmt noch plastischere Formen

---

[5] Vgl. K. R. K u p f f e r , Baltische Landeskunde, Riga 1911, und
H. S c h r ö d e r , Rußland und die Ostsee. Riga 1927.

an, wenn wir die ethnographischen Elemente in unsere Betrachtung miteinbeziehen. Die Raumprägung ist ja letzten Endes nicht nur eine Folge ursprünglich vorhandener Gegebenheiten, sondern ein Produkt natürlicher und geschichtlicher, d. h. im menschlichen Willen manifestierter geistig-seelischer Kräfte. Die ursprünglichen Landschaften sind gewissermaßen geographische Gefäße, die sich den ethnographischen Einheiten als Aufnahmegebiete zur Verfügung stellen. Als solche entfalten sie eine einladende Kraft, die nicht ohne Einfluß auf den Siedlungs- und Okkupationswillen der Völker bleibt. Trotzdem wäre es natürlich falsch, in diesen Charakterlandschaften schon präformierte Siedlungseinheiten zu erblicken. Der menschliche Wille stößt in politischer und wirtschaftlicher Zielsetzung über die Grenzen der Naturgebiete in weitere Lebensräume vor und prallt dort auf fremde expandierende Gewalten. Im Ringen mit diesen ergeben sich die Grenzbestimmungen der Siedlungsgebiete, die einmal gesetzt und durch ein längeres Gleichgewicht der Kräfte stabilisiert, ihrerseits ein mächtiger Faktor im politischen Spiel werden können.

Der siedelnde Mensch greift formend in die Gegebenheiten der Landschaft ein, drückt ihr sein Gepräge auf und wird von ihr weitgehend rückbeeinflußt. Das ethnographische Moment verschmilzt allmählich mit den übrigen Tatsachen des Naturgebietes zu einer neuen, reichhaltigeren Einheit: aus der Charakterlandschaft wird ein Charakterland.

Es ist von Interesse, daß der Penksche Grenzsaum auch als ethnographische und politische Demarkationslinie in Erscheinung getreten ist. Durch die Jahrhunderte hat er das Siedlungsgebiet der Russen von den Lebensräumen der europäischen Randvölker, „von Finnland bis zum Schwarzen Meer", geschieden. Politisch gesehen, bildet er eine Gravitationslinie, um die jahrhundertelang der Pendelausschlag vielseitiger Machtgebarung westostwärts und ostwestwärts schwang. Eine Blutkarte des Ostraumes würde wohl um diesen Grenzsaum herum die dichtesten Eintragungen aufweisen. Es gelingt dem Russen zwar, sich dauernd in den Gebieten des Grenzsaumes und seiner westlichen Anlieger einzukrallen, ohne doch das arteigene Gepräge dieser Länder verwischen zu können.

Das eigentliche russische Charakterland liegt eingeklemmt zwischen den Höhenzügen des Ural und den Einsenkungen vom Weißen bis zum Schwarzen Meer; es wird im Norden von der Barentssee und den ihr vorgelagerten Tundren, im Süden von dem Kaspischen Meer und dem tief ins Land greifenden Wüstengebiet begrenzt. Geographisch betrachtet, wird man geneigt sein können, in diesem Raum eine Cisularische Verlängerung des asiatischen Landmassivs zu erblicken: der überwiegende Einfluß der Taiga, der Wüste und der Steppe, die ja auch das Bild Westsibiriens bzw. Turkestans beherrschen, legt diesen Gedanken nahe. Immerhin gibt es in der Westzone dieses Naturgebietes auch starke europäische Einschläge: der gemischte Wald um Moskau herum, mit einer starken östlichen Verlängerung, der breite Wiesen- und Heidestreifen, der sich südlich anschließt — sie bilden einen starken Keil, der bis Ufa und nordöstlich davon bis zum Ural vorstößt. Wenn so auch europäische Züge in das Landschaftsbild hineingetragen werden, ist doch das Überwiegen des asiatischen Einflusses unverkennbar. Genau umgekehrt liegen die Verhältnisse jedoch, wenn wir sie vom ethnographischen Standpunkt anschauen, gehören doch die Russen, die in diesem Raum nicht nur zahlenmäßig an erster Stelle stehen, sondern ihn auch führend gestalten und beherrschen, ursprünglich der europäischen Völkerfamilie an. Doch sind breite Zonen dieses Gebietes, sowohl im Osten als auch im Norden, von Völkerschaften mongolischer oder vorderasiatischer Rassenprägung besiedelt, so daß nur von einem Über- wiegen des europäischen Einflusses im ethnographi- schen Sinne gesprochen werden kann. Die beiden Komponenten, die ein Charakterland als solches be- stimmen, weisen in ihren Dominanten nach verschie- dener Richtung. Typisch für den ganzen Raum ist also sein Mischcharakter, den er durch die Überschichtung der Einflußsphären zweier verschiedener Kontinente erhält.

Für das Wesen des Russen läßt sich aus dem Gesagten ein erster wichtiger Schluß ziehen: zwar hat er ur- sprünglich europäische Daseinsgestaltung in den Ost- raum hineingetragen, doch war er gezwungen, der vorwiegend asiatisch bestimmten Natur, sofern er sich in ihr erhalten und entfalten wollte, Anregungen und Möglichkeiten abzulauschen. Der fortlaufende For- mungs- und Anpassungsprozeß hat in wechselseitiger Beeinflussung die Natur dem Menschen, den Menschen der Natur genähert. Indem der Russe bestrebt ist, den besonderen technischen Forderungen des in asiatischer Weite sich ausdehnenden Raumes gerecht zu werden und seine mannigfaltigen europafremden Bedingungen zu erfüllen, entwickelt er Eigenschaften, die eine spe- zifische, östliche Note aufweisen; indem er den Ge- heimnissen der unendlichen Weite nachlauscht, ent- nimmt seine Seele dem Stimmungsbereich dieser östlichen Landschaft Töne und Farben, die allmählich in sein innerstes Wesen übergehen.

So führt uns schon der geopolitische Gesichtspunkt zu der Erkenntnis, daß sich im Russen allmählich asia- tisch bestimmte Wesenszüge entfalten, die ihm ein besonderes, heterogenes Gepräge aufdrücken. Dieser

Eindruck der Zwieschlächtigkeit des Russen vertieft sich in entscheidender Weise, wenn wir ihn vom rassischen Gesichtspunkt aus betrachten. Die vielen Berührungen mit asiatischen Völkerschaften aller Art sind nicht spurlos an ihm vorübergegangen: Die ursprüngliche Besiedlung des Raumes mit mongolischen Völkerschaften: die zweihundertfünfzigjährige tatarische Herrschaft unter Batu und seinen Nachfolgern; schließlich die andauernde Lebensfühlung mit den mongolischen Völkerschaften im Raum und an seinen Grenzen — diese Verhältnisse förderten eine Blutsvermischung, die dem rassischen Erbgut des Russen konstitutive Züge verliehen hat. Hierdurch erhält das russische Wesen seine besondere tragische Eigenart [6]). Der Russe ist gewissermaßen „nach zwei Gesetzen angetreten". Aus der Unmöglichkeit, beiden gerecht zu werden, ergibt sich ein Gefühl ständiger Beunruhigung, aus der Unbeständigkeit der Vorherrschaft der widersprüchigen Mächte ein plötzliches Umschlagen aus einer Gefühlslage oder gar Gesinnungswelt in ihr Gegenteil. Dieser abrupte Wechsel zeigt seine volle Bedeutungsschwere dann, wenn sich die wechselnden Stimmungen zu Handlungen verdichten, die den gegenläufigen Rhythmus des Gefühlslebens schicksalhaft nachzeichnen. Dieses um so mehr, als der Russe ins Bereich des Handelns gelangt, mit einer vorbehaltlosen Konsequenz seinen jeweiligen Idealen nachstrebt. Nur bei zufälliger Gleichrichtung seiner inneren Gesetzmäßigkeiten oder bei vorübergehender absoluter Vorherrschaft der einen stellt sich ein Zustand relativer Stabilisierung und Harmonie ein. Von hieraus verstehen wir zwei oftgenannte entscheidende Wesenszüge des Russen: einerseits seine große Erlebnisfrische, das bedingungslose Stre-

---

[6]) Vgl. P. B o k o w n e f f , Das Wesen des Russentums. Langensalza 1930.

ben nach dem „Vollerlebnis" einer Einheit von Gefühl, Wille und Tat, andererseits seinen selbstquälerischen Drang abgekehrt vom Leben dem Geheimnis der eigenen Seele nachzuspüren[7]). Diese beiden oft bemerkten scheinbar widerspruchsvollen Verhaltungsarten des Russen sind letzten Endes nur die Ausstrahlungen der verschiedenen Wechsellagen seines Seelenlebens: die Phase der Gleichgewichtslosigkeit, in der die innere Doppelgesetzlichkeit sich als Zerrissenheit der Persönlichkeit fühlbar macht, treibt zur Versenkung in die Tiefen der eigenen Seele, um sich durch Erkenntnis zu verstehen, vielleicht sogar zu erlösen; die Phase der Ausgewogenheit seiner seelischen Kräfte erzeugt das glückhafte Streben, die Welt in ihrer bunten Fülle einheitlich zu erleben. Die Konsequenz, mit der der Russe seine Handlung durchführt, ist dann entweder der Überschwang des Taterlebnisses, durch welches der innerlich geeinte Mensch sich vorbehaltlos an das Leben verschenkt, oder die Energie der Nottat des innerlich Zerrissenen, der unter allen Umständen zu sich selber durchzubrechen sucht.

Aus dem bisher Gesagten leuchtet schon der unmittelbare Zusammenhang zwischen den rassischen Grundlagen des Russen und der unberechenbaren Sprunghaftigkeit seiner Stimmungen und Handlungen auf: die Disäquilibriertheit der ursprünglichen Veranlagung schlägt sich als Disharmonie im Charakterbilde nieder, die Disharmonie des Charakters führt zur Diskontinuität der Handlung!

Doch hieße es das Problem zu leicht nehmen, wollte man das schwankende Wesen des Russen lediglich von den bisher aufgewiesenen „natürlichen" Grundlagen aus verstehen. Ein weiterer wichtiger Umstand

---

[7]) Vgl. K. N ö t z e l , Die russische Leistung. Karlsruhe 1927.

spielt noch seine folgenschwere Rolle mit. Im zaristischen Rußland wurde nämlich diese Unausgeglichenheit noch ergänzt und vertieft durch eine Zwiespältigkeit auf dem Gebiete der Kultur[8]). Ein kurzer geistesgeschichtlicher Überblick zeigt nämlich, daß die Religion, die sich nicht nur in der sehr einflußreichen griechisch-katholischen Staatskirche manifestierte, sondern auch in einem vielfarbig ausgebreiteten Sektenwesen, vorwiegend dem griechisch-asiatischen Kulturkreis entstammt, während die moderne Wissenschaft etappenweise den klärenden und aufklärenden Ideen Europas entnommen ist. Damit lagert sich eine neue Spannungsschicht über den russischen Menschen, denn es handelt sich hier um sehr viel mehr als nur um eine Vielfalt äußerer Ansichten und Überzeugungen, mit denen sich ja auch der europäische Mensch auseinanderzusetzen hat. In dem Gegensatz Religion — Wissenschaft bringt sich jeweils ein völlig anderes Lebensgefühl, eine grundsätzlich verschiedene Wertewelt zum Ausdruck. Hier tritt noch einmal der Gegensatz Europa — Asien machtvoll in Erscheinung. Die Kultur wird mithin im Leben des Russen nicht zu einem Element der Stabilisation, ihren Tiefen kann seine friedlose Seele keine einheitlichen Maßstäbe entnehmen: durch ihre Antimonie wird er vielmehr schon in den Grundfragen des Lebens widersprechend beraten. So findet die der Unausgewogenheit seines Wesens entspringende Tendenz zu Schwankung und Wechsel in dem Spannungsverhältnis der kulturellen Mächte noch Antrieb und Rechtfertigung. Alle Werke des Russen — nicht zuletzt sein Staat und seine Gesellschaft — tragen als Abdruck der russischen Wesensart sowohl den Charakter der Zwitterhaftigkeit, als auch das

---

[8]) Vgl. P. B o k o w n e f f , a. a. O.

Stigma der Maßlosigkeit und damit die Tendenz zu Rigorismus und Gigantismus. Und wie der Induktionsstrom zwar durch den Hauptstrom hervorgerufen wird, aber einmal in Erscheinung getreten, verstärkend auf seinen Erzeuger zurückwirkt, so wirft auch das zur historischen Macht gewordene Werk unruhevolle Problematik auf seinen Schöpfer zurück, dem es seine Zerrissenheit vielgestaltig spiegelnd vorhält. So bieten sich immer aufs neue Anlässe und Anreize zur Kritik und konkretisieren die laufende Friedlosigkeit zu permanenter Unzufriedenheit.

In diesen Tatsachen liegt die besondere „Vorbelastung" des russischen Menschen beschlossen, die er als europäischer Gestalter asiatischer Räume, als Erbe weltfern auseinanderstrebender Rassen und als Treuhänder antipodischer Kulturen in sich trägt.

Aller Zwang und Zweifel des menschlichen Lebens erhält im Kraftfeld der russischen Hochspannung ein besonders großes Schwankungsausmaß. So ist die russische Geschichte reich an wilden Ausbrüchen ins Extreme. Die markantesten Träger der Zarenwürde, Iwan der Schreckliche und Peter der Große, die beide ihre Söhne folterten und umbrachten — Iwan sogar mit eigener Hand —, sind nicht nur Symptome, sondern geradezu Symbole der tragischen Zerrissenheit des Russentums und seiner Flucht ins Dämonische.

Versuchen wir vom Standpunkt der gewonnenen Erkenntnisse die Analyse jenes ersten von uns als unverständlich bezeichneten Falles durchzuführen. Wir entwickeln dabei ein Erklärungsschema, das natürlich nur für einen typischen Vorgang Geltung besitzt.

Ein wohlbehüteter junger Mensch ist bei aller äußerer Zufriedenheit auf Grund der innerlichen Zerrissenheit von schweifender Unruhe erfüllt, die der bisherige

Lebensstil nicht zu bannen vermag[9]): weder Betäu-
bung durch laute Fröhlichkeit, noch Versenkung in
sich selber stellen das Gleichgewicht wieder her. Ein
Appell an die Weisheit von Religion oder Wissenschaft
enthüllt nur zu leicht innere Widersprüche derselben
und führt zu einem unbefriedigenden Relativismus.
Die so erlebte Enttäuschung vertieft nur die Friedlosigkeit, statt sie zu bannen. Immer lautere Zweifel
an Sinn und Zweck des bisherigen Daseins steigen auf
und entwickeln einen blinden Drang, den eigenen
Schatten zu überspringen und sich in eine andere
Sphäre zu retten. Unter der verhüllenden Decke des
gleichmäßig abrollenden Alltags sammelt sich so ein
gefährlicher Sprengstoff, der nur des Funkens bedarf,
um explodierend das bisherige Leben zu zerschmettern.
So kann es sein, daß die sensitive russische Seele durch
Einflüsse religiösen Schwärmertums die entscheidende
Wendung erfährt: dann erfolgt eine Schwergewichts-
verlagerung aller Werte zum Transzendenten hin, eine
Flucht vor den irdischen Wünschen in die Hoffnungen
der jenseitigen Welt. In ihrem schrankenlosen Fana-
tismus, ihrer Tagblindheit dem Leben gegenüber, sowie in der völligen Ausschaltung aller kritischen Filter
gegenüber den Heilsbotschaften und ihren Verkündern,
erinnert diese Haltung an mittelalterliche Zustände
Westeuropas. Man begreift von hier aus auch die Gestalt eines Rasputin, der einen so großen und verhängnisvollen Einfluß in den höchsten Kreisen — und besonders auch auf Frauen — ausübte, obgleich er
niederer Abkunft und völlig ungebildet war. Der Funke
seiner mystischen Inbrunst sprang um so leichter über,

---

[9]) Alja Rachmanowa schildert in „Studenten, Liebe und Tscheka"
sehr bezeichnend, wie sie zu ihrem achtzehnten Geburtstage, trotzdem sie allen Grund gehabt hätte glücklich zu sein, von einer ge-
heimen Unruhe und Unzufriedenheit erfüllt war.

als auch seine Lehre, daß man sündigen solle, um bereuen zu können, der labilen russischen Seele besonders angepaßt war.

Wer sich aber dem religiösen Treiben verschloß, konnte sich nur durch eine Aufgabe erlösen, die irdische Natur besaß und dabei doch die ganze Wucht sektiererischer Gläubigkeit beanspruchte. Solche inbrünstige Irrlehren hatten sich unter dem Drucke der Kritik an den Verzerrungen des russischen Staats- und Gesellschaftslebens in mehreren Spielarten entwickelt, bei denen in der Regel abgesunkenes Gedankengut des Frühsozialismus oder des Marxismus Pate gestanden hatte. So konnte auch von dieser Seite ein entscheidender Anstoß ausgehen. Da die Vertreter der revolutionären Zirkel ja durch die Einflüsse von Wissenschaft und Pseudowissenschaft mit bestimmt wurden, so traf man sie häufig in den sog. gebildeten Schichten an. Stieß nun der mit innerer Dynamik Geladene auf solche Apostel des Nihilismus, Anarchismus oder Maximalismus, so konnte er meinen, der Ruf sei ergangen, die Aufgabe gezeigt, an die er sich verschenken müßte.

Treten wir jetzt an die Betrachtung des zweiten Falles heran, der die scheinbar unverständliche ,,Umkehrbarkeit" des Bolschewiken zum Gegenstand hat. Als erstes müssen wir dabei die Frage stellen, in welcher Richtung sich der bolschewistische Einfluß auf den russischen Menschen ausgewirkt hat. In geopolitischer und geoökonomischer Hinsicht tritt uns dabei die enger gewordene Bindung an die Kraftquelle des asiatischen Wirtschaftsraumes vor Augen. Man kann fast von einer Verschiebung des Schwerpunktes der ökonomischen Potenz von der Ukraine hinter den Ural sprechen. Zumindestens sind in den mächtigen Produktions- und Rüstungsstätten des Uralgebietes industrielle Zentren entstanden, die denen des Dnjepr- und Dongebietes

nicht nachstehen. Auch sind die gewaltigen wirtschaftlichen Kräfte des weiten Sibiriens in einem hitzigen
Tempo erschlossen und in den Dienst der sowjetischen
Gesamtwirtschaft gestellt worden. Dabei haben sowohl
verkehrswirtschaftliche Tatsachen, wie z. B. der Bau
der neuen sibirischen Übermagistrale, eine entscheidende Bedeutung, als auch die technisch-organisatori-
sche Zusammenfassung ökonomischer Potenzen in den
sog. Kombinaten, von denen das Ural-Kusnetzkombinat
das bekannteste ist. Ein Anwachsen des asiatischen
Einflusses ist somit unverkennbar.

Des weiteren muß auf eine Veränderung des spezifi-
schen Gewichtes der Völkerschaften des Ostraumes
hingewiesen werden; während das russische Volk unter
der bolschewistischen Ausrottungspolitik besonders
wertvolle Substanzen einbüßte — so die führenden
Elemente des bodenverbundenen Bauerntums und fast
die gesamte Intelligenzschicht —, haben die asiatisch
bestimmten Völkerschaften ungleich weniger unter
dem Terror zu leiden gehabt. Auch mußte die jüdisch-
bolschewistische Führung, um ihre Herrschaft über
das Russentum zu sichern, oft auf mongoloide Völker
zurückgreifen, wodurch deren relative Bedeutung fühlbar gesteigert wurde. Eine Gegenüberstellung der
Staatslenker des Zarenreiches und der bolschewistischen
Herrschaftsclique von heute in ihrer jüdisch-asiatischen
Zusammensetzung illustriert unsere Behauptung äußerst
drastisch. Unter der bolschewistischen Herrschaft ist
die Wucht der östlichen Elemente im Rahmen der
natürlichen Bedingungen von Raum und Rasse also
wesentlich verstärkt worden.

In der kulturellen Sphäre haben sich besonders tiefgreifende Umwälzungen vollzogen: sowohl die westeuropäischen Geisteswissenschaften als auch die —
vorwiegend östlich bestimmten — Religionen sind ent-

8

weder beseitigt oder ihres wirklichen Einflusses ent-
kleidet worden. Das ausschließliche Monopol auf
dieser Ebene besitzt der, zwar von Westen kommende,
aber nicht dem europäischen Wesen entstammende,
grundsätzlich heimatlose jüdische Marxismus. Diese
geistig wurzellose Doktrin ist unter dem Druck der
östlichen Anschauungsformen des Leninismus und der
östlichen Praxis des Stalinismus zu einer Vernichtungs-
macht von asiatischen Dimensionen geworden. Auch
hier könnte man also von einem Ruck nach dem Osten
sprechen.

Im Gesamtresultat hat also der Bolschewismus den Einfluß des europäischen Raumes, des europäischen Menschen und des europäischen Geistes auf den Russen
wesentlich geschwächt.

Von besonderer Tiefenwirkung sind dabei die Macht-
verschiebungen im Bereiche der Kultur gewesen. Die
totale Herrschaft der marxistisch-leninistischen Welt-
anschauung hat zu einer Ausmerzung des grellsten
kulturellen Antagonismus zwischen Osten und Westen
geführt. Damit fällt der Stachel der verstandesmäßi-
gen Beunruhigung fort. Durch ein völlig einheitliches
Erziehungssystem im Sinne des technisch-materialisti-
schen Ideals wird ein Moment der Stabilisation in die
unruhige russische Seele hineingetragen. Was der russische Mensch denken soll und welche Ziele er zu verfolgen hat, wird ihm vorgeschrieben, und so alle
Verantwortung für die innere Ausrichtung und die
äußere Zwecksetzung von seinen Schultern genommen.
Durch harte Alltagsarbeit, über welcher jedoch der
künstlich gespiegelte Glorienschein einer großen Sendung ruht, wird der schweifende russische Geist immer
wieder an reale Aufgaben gefesselt und dabei doch im
Glauben erhalten, freiwillig im Dienst einer weltumspannenden Heilsidee zu stehen. Die technischen

Mammutwerke, die nahezu auf allen wichtigen Gebieten errichtet werden, dienen dabei als aufreizende Symbole des Gesamtwerkes und als anspornende Symptome des Fortschritts. Es wäre falsch, sie als Nachahmungen eines falsch verstandenen Amerikanismus aufzufassen, wie manchmal behauptet wird. Es handelt sich in Wirklichkeit um eine zeitlich spätere, aber selbständige Parallelerscheinung, die zwar werkmäßige Anregungen und Kenntnisse aus Amerika übernommen hat, in der Tiefe aber auf eigenständigen Antrieben beruht: was beim Amerikanismus prahlerische Jugendkraft ist, die aus dem Vollen gestalten, basiert beim Bolschewismus auf dem ins Gigantische strebenden Trieb der russischen Seele im Stadium „künstlicher" Gleichgewichtslagen, was beim Amerikanismus kapitalistische Werkhörigkeit und kapitalistische Erwerbssucht bedeutet, ist beim Bolschewismus kommunistische Werkgläubigkeit und kommunistische Eroberungslust. Der bolschewistische Russe wächst in einer Welt auf, die politisch dirigiert, wirtschaftlich orientiert und technisch inspiriert ist. Fußend auf der starken mathematischen Begabung des Russen und seiner leichten Hand, gleicht das bolschewistische Erziehungssystem einem riesigen Polytechnikum. In dieser maschinellen Atmosphäre wachsen dem Russen überraschende Fertigkeiten in der Gestaltung der Materie zu.

Gegenüber dem zaristischen Menschen hat der Bolschewik an Einheitlichkeit, Festigkeit und Wirklichkeitsnähe gewonnen, gleichzeitig aber auch die blinde Einförmigkeit eines Serienproduktes angenommen, eines Homunculus, der in Formeln denkt, mit Schlagworten redet, nach Drill handelt.

Wird ein Russe aus dem laufenden Zusammenhang des bolschewistischen Gesamtbetriebes herausgerissen — etwa indem er in Gefangenschaft gerät —, dann tritt

8 *

für ihn erst einmal die Möglichkeit des Überlegens und Vergleichens ein. Gehetzt durch Stachanowtempo und fließendes Band, fasziniert und erschüttert durch die bolschewistische Gewaltherrschaft und ihren technischen Gigantismus, hatte er sich der Leninistischen Irrlehre ergeben. Der Sieg des Bolschewismus war ihm selbstverständliche und notwendige Folge eines alles bestimmenden Naturgesetzes. Seine materiellen Produktivkräfte erschienen ihm als die Natur schlechthin, die Gewalt seiner Beherrscher als die Macht des Schicksals! Mit der Niederlage der russischen Armeen und seiner Gefangennahme wurde dieser Glaube erschüttert. Der Bolschewik muß erleben, daß es Gewaltigeres gibt als sein kommunistisches Schicksal, muß erleben, daß zerbrochen und niedergelegt wird, was er für unüberwindlich hielt. In dem Maße, wie der Bann des Marxismus von ihm weicht, löst sich aber die Klammer auf, mit welcher der Bolschewismus seine auseinanderstrebenden Wesenselemente zusammenzuhalten suchte. Mit der Faszination des Bolschewismus ist auch die Stabilisation des russischen Geistes dahingesunken. Der Zweifel an allem und jedem steigt riesengroß auf. Je länger dieser Zustand währt, desto mehr bricht sich die lang verhaltene Unruhe seines Blutes wieder Bahn und stößt ihn, durch tiefste verstandesmäßige Beunruhigung mehr und mehr aufgestachelt, in ein seelisches Chaos hinein. Schlägt in dieses quälende, wirre Durcheinander ein verständiges Wort, eine gutsitzende Parole, die eine werbende Richtidee aufleuchten läßt, so greift der Russe nach ihm, wie nach dem rettenden Strohhalm. Verbindet sich damit noch eine menschlich verständige Behandlung und verbesserte Lebensbedingungen, so schlägt die Waagschale zugunsten der neuen Ordnung nieder. Das Rätselhafte wird zum Ereignis: der Bolschewik läßt sich wie

116

selbstverständlich in die antibolschewistische Front eingliedern, erlöst vom inneren Chaos und befreit von der Misere des Gefangenendaseins!

Fühlen wir mit unserer Untersuchung noch einen Schritt weiter vor. Wir werden dann zu der Überlegung gezwungen, daß dieser entscheidende Umschwung des Russen nicht immer auch bedeutet, daß der Bolschewik jetzt ein für allemal Gegner des Kommunismus sein muß. Zwar hat ihn die Sehnsucht, einer neuen inneren und äußeren Ordnung angeschlossen zu werden bestimmt, den Frontwechsel zu vollziehen, doch ist dieses Verhältnis so lange nur ein vorläufiges, als das Vakuum, das nach Eliminierung der marxistischen Dogmatik in seiner geistigen Welt Platz gegriffen hat, nicht einer neuen umfassenden Ideologie gewichen ist. Vorübergehend kann so eine Ideologie wohl durch ein gutes Schlagwort, das ihren Kern andeutet, ersetzt werden; doch genügt es auf die Dauer nicht zur totalen Okkupierung eines seelischen Geländes. Nur zu leicht können Ereignisse des „grauen Alltags" latente Unruhe wieder zu Unzufriedenheit verdichten, und wenn die äußeren Umstände diese Entwicklung berücksichtigen, kann unvermutet wieder ein völliger Umbruch zum Bolschewismus hin erfolgen. Man darf ja auch nicht vergessen, daß am Rande des Blickfeldes eines antikommunistisch gewordenen Russen immer noch die Schatten des Leninismus geistern und daß elementare Gefühle wie Heimatsehnsucht, verletzter Stolz u. a. unbemerkt anwachsen können, um plötzlich das Feld zu beherrschen. Nur wenn eine tiefgreifende Ideologie geschaffen wird, eine dieser Ideologie entsprechende Aufgabe und die Möglichkeit eines laufenden sinnvollen Einsatzes für diese Aufgabe, ist ein starkes, beharrendes Gegengewicht geschaffen, das den Mächten des Unfriedens die Waage halten kann. Natürlich wäre auch damit nicht etwa eine „prästabilierte" Harmonie geschaffen, die einen fortlaufenden Gleichtakt der russischen Seele im Sinne des antikommunistischen Aufbaues gewährleistet, sondern nur die notwendigen Bedingungen, um solch einen Gleichtakt möglich zu machen. Damit wären — um das berühmte Bild der okkasionalistischen Philosophie zu gebrauchen — zwei Uhren erst einmal gleichgestellt. Doch um ihren Gleichgang zu bewahren, bedarf es der kontrollierenden Hand des überwachenden Meisters.

Auswahl aus dem Schrifttum

Deutschland und der Ostraum:

Deutsche Ostforschung, Ergebnisse und Aufgaben seit dem ersten Weltkrieg. Herausgegeben von Hermann Aubin, Otto Brunner, Wolfgang Kothe, Johannes Papritz. Bd. 1—2. Leipzig 1942—1943. Deutschland und der Osten, Bd. 20—21.

Albert Brackmann, Gesammelte Aufsätze. Weimar 1941.

Zeitschrift: Jomsburg. Völker und Staaten im Osten und Norden Europas. Herausgegeben von Joh. Papritz und Wolfg. Kothe (Vierteljahrsschrift), seit 1937, Leipzig.

Dietrich Schäfer, Osteuropa und wir Deutschen. Berlin 1924.

Erich Marcks, Ostdeutschland in der deutschen Geschichte. Leipzig 1920.

A. Sanders, Um die Gestaltung Europas, Kontinentaleuropa vom Mythos bis zur Gegenwart. München 1942.

Karl C. Thalheim, A. Hillen Ziegfeld, Der deutsche Osten. Berlin 1936. (Betrifft nur den Nordosten.)

Darin besonders die historischen Abschnitte:

Hermann Aubin, Der deutsche Osten bis zum Ende des Ordensstaates.

Erich Maschke, Der deutsche Osten vom Ende des Ordensstaates bis zum Weltkriege.

Georg Stadtmüller, Der deutsche Einfluß in der Geschichte der südosteuropäischen Völker. Schlesische Monatshefte, 13. Jahrgang. Breslau 1936.

Hermann Aubin, Zur Erforschung der deutschen Ostbewegung. Leipzig 1939. (Hier ist ein großer Teil der neueren Spezialliteratur angeführt.)

Kurt Lück, Deutsche Aufbaukräfte in der Entwicklung Polens. Plauen 1934.

Ernst Seraphim, Führende Deutsche im Zarenreich. Berlin 1942.

Otto Hoetzsch, Katharina die Zweite von Rußland. Eine deutsche Fürstin auf dem Zarenthron des 18. Jahrhunderts. Leipzig 1940.

Hildegard Schaeder, Die Dritte Koalition und die Heilige Allianz. Nach neuen Quellen. Osteurop. Forschungen, N. F. Bd. 16. Königsberg und Berlin 1934.

L. K. Götz, Deutsch-russische Handelsgeschichte des Mittelalters. Hansische Geschichtsquellen. Neue Folge V. Lübeck 1922.

L. K. Götz, Deutsch-russische Handelsverträge des Mittelalters. Abh. d. Hambg. Kol. Inst. Bd. 37. Hamburg 1916.

Dmytro Doroschenko, Die Ukraine und das Reich. Neun Jahrhunderte deutsch-ukrainische Beziehungen im Spiegel der deutschen Literatur- und Geistesgeschichte. Leipzig 1942.

Über den deutschen Anteil am Aufbau des Ostraumes siehe ferner:

Handwörterbuch des Grenz- und Auslandsdeutschtums. Herausgegeben von Carl Petersen, Otto Scheel, Paul Hermann Ruth, Hans Schwalm. Breslau 1933 ff. Bisher 3 Bände.

Darin besonders die Artikel:

Agrarverfassung, Banat, Batschka, Bergbau, Bessarabien, Bosnien und Herzegowina, Buch- und Büchereiwesen, Bukowina, Burgenland-Westungarn, Deutschbalten und Baltische Lande, Dobrudscha, Donauschwaben, Galizien.

Die wesentlichen Landesgeschichten sind:

Karl und *Mathilde Uhlirz,* Handbuch der Geschichte Österreichs und seiner Nachbarländer Böhmen und Ungarn. Graz, Wien, Leipzig. Band I, 1927. Band II, Teil 1, 1930. Band III, 1939. (Reichste Literaturangaben.)

Gyula Szekfü, Der Staat Ungarn. Eine Geschichtsstudie. Stuttgart, Berlin 1918.

Sandor Domanovszky, Geschichte Ungarns. München, Leipzig 1923.

Adolf Bachmann, Geschichte Böhmens. 2 Bände. Gotha 1899/1905.

Geschichte Schlesiens. Herausgegeben von der Historischen Kommission für Schlesien unter Leitung von Hermann Aubin. Band I. Von der Urzeit bis zum Jahre 1526. Breslau 1938.

Erich Keyser, Geschichte des deutschen Weichsellandes. Leipzig 1939.

Bruno Schumacher, Geschichte Ost- und Westpreußens. Königsberg 1937.

Reinhard Wittram, Geschichte der baltischen Deutschen. Grundzüge und Durchblicke. Stuttgart, Berlin 1939.

Ernst Seraphim, Geschichte Liv-, Est- und Kurlands von der „Aufsegelung" des Landes bis zur Einverleibung in das russische Reich. 3 Bände. 2. Auflage. Reval 1897/1904.

Karl Stählin, Geschichte Rußlands von den Anfängen bis zur Gegenwart. 4 Bände. Berlin, Leipzig 1923/1939.

E. Zivier, Polen, Stuttgart, Gotha 1923. Perthes' Kleine Völker- und Länderkunde zum Gebrauch im praktischen Leben. 4. Band.

120

Germanen im Ostraum

Das geschichtliche Material bietet, nach Stämmen geordnet, am vollkommensten:

Ludwig Schmidt, Geschichte der deutschen Stämme bis zum Ausgang der Völkerwanderung. Zweite völlig neu bearbeitete Auflage. Band I: Die Ostgermanen. München 1934. Band II: Die Westgermanen. 1. Teil. München 1938.

Über ihre räumliche Verbreitung und ihren Kulturstand siehe:

Wolfgang La Baume, Urgeschichte der Ostgermanen. Ostlandforschungen, Heft 5. Danzig 1934.

Carl Engel, Wolfgang La Baume, Kultur der Völker der Frühzeit im Preußenlande. (Erläuterungen zum Atlas der ost- und westpreußischen Landesgeschichte, 1. Teil.) Königsberg 1937. (Die Kärtchen hier greifen weit über das Preußenland hinaus.)

Ernst Petersen, Die germanische Frühzeit des Ostens im Lichte neueren Schrifttums zur Vor- und Frühgeschichte. Jomsburg, Jahrgang II. Leipzig 1938.

Germanenreste

Ernst Petersen, Der ostelbische Raum als germanisches Kraftfeld im Lichte der Bodenfunde des 6. bis 8. Jahrhunderts. Leipzig 1939.

Konrad Schünemann, Die Deutschen in Ungarn bis zum 12. Jahrhundert. Berlin, Leipzig 1923.

Slawen allgemein

Lubor Niederle, Manuel de l'antiquité slave. Teil I. Paris 1923. Teil II. Paris 1927.

Paul Diels, Die Slawen. Leipzig, Berlin 1920.

Der Geschichte der Elbslawen allein ist gewidmet:

Ludwig Giesebrecht, Wendische Geschichten aus den Jahren 780 bis 1182. 3 Bände. Berlin 1843.

Franz Tetzner, Die Slawen in Deutschland. Beiträge zur Volkskunde der Preußen, Litauer und Letten, der Masuren und Philipponen, der Tschechen, Mährer und Serben, Polaben und Slowinzen, Kaschuben und Polen. Braunschweig 1902.

Südslawen

Ferdinand Šišić, Geschichte der Kroaten in der Zeit der nationalen Herrscher. 1. Band. Agram 1917.

Andreas Milcinović, *Johann Krek*, Kroaten und Slowenen. Jena 1916.

Ludmil Hauptmann, Die bestimmenden Kräfte der kroatischen Geschichte im Zeitalter der nationalen Herrscher. Mitteilungen des österreichischen Instituts für Geschichtsforschung 40. Wien 1925.

Konstantin Josef Jireček, Geschichte der Serben. Zwei Bände. Gotha 1911/1918.

Polen

Deutschland und Polen. Herausgegeben von Albert Brackmann. München 1933.

Albert Brackmann, Die Anfänge der polnischen Ostseepolitik. Jomsburg, Jahrgang I. Leipzig 1937.

Awaren

Siehe *Ernst Petersen*, Der ostelbische Raum als germanisches Kraftfeld. Kapitel IX: Awarischer Kultureinschlag im Raume östlich der Elbe.

Georg von Domanovszki, Steppenvölker und Germanen. Budapest o. J. (1937). S. 15—22.

Albert Brackmann, Zur Entstehung des ungarischen Staates. Abh. d. Berl. Akademie der Wissenschaften. 1940. Nr. 8.

Baltische Völkerschaften

Ostbaltische Frühzeit, herausgegeben von Carl Engel. Leipzig 1939. Band I der Reihe „Baltische Lande", herausgegeben von Albert Brackmann und Carl Engel.

Rumänen

Neculai Jorga, Geschichte des rumänischen Volkes im Rahmen seiner Staatsbildungen. 2 Bände. Gotha 1905.

Tataren

Josef von Hammer-Purgstall, Geschichte der Goldenen Horde in Kiptschak, das sind die Mongolen in Rußland. Budapest 1840.

Bertold Spuler, Die Goldene Horde. Die Mongolen in Rußland 1223—1502. Leipzig 1943.

Hans Ferdinand Helmolt, Weltgeschichte. Band II, Teil 2: Hochasien und Sibirien. Leipzig, Wien 1902.

Fritz Freiherr von der Goltz, Die gelbe Gefahr im Licht der Geschichte. Leipzig 1907.

Türken

Georg Stadtmüller, Osmanische Reichsgeschichte und balkanische Volksgeschichte. Leipziger Vierteljahrsschrift für Südeuropa. Jahrgang 3. Leipzig 1939.

Heinrich Kretschmayr, Der Aufstieg des Hauses Österreich. In: Josef Nadler, Heinrich von Srbik, Österreich. Erbe und Sendung im deutschen Raum. Salzburg, Leipzig 1936.

Reinhold Lorenz, Türkenjahr 1683. Leipzig, Wien 1934.

Byzantinische Einflüsse

François Dvornik, Les Slaves, Byzanze et Rome aus IXe siecle. Paris 1926.

Hildegard Schaeder, Moskau, das Dritte Rom. Studien zur Geschichte der politischen Theorien in der slawischen Welt. Hamburg 1929. Osteuropäische Studien. Herausgegeben vom Osteuropäischen Seminar der Hamburgischen Universität. Heft 1.

Italienische Einflüsse

Alfred Fest, I primi rapporti della nazione Ungherese coll'Italia. Budapest, Biblioteca della „Mattia Corvino" No. 2. 1922.

Coloman Juhász, Das Tschandad-Temesvarer Bistum im frühen Mittelalter 1030—1307. Münster 1930.

Nordgermanische Einflüsse

Ernst Petersen, Eine Karte der Wikingerfunde Nord- und Ostdeutschlands. Mannus XXV. Würzburg 1933.

Kurt Langenheim, Die neueren slawischen und wikingischen Funde in Ostdeutschland. Jomsburg, Jahrgang I. Leipzig 1937.

Hans Jänichen, Die Wikinger im Weichsel—Odergebiet. Leipzig 1938.

Adolf Hofmeister, Der Kampf um die Ostsee vom 9. bis 12. Jahrhundert. Greifswalder Universitätsrede 29. Greifswald 1931.

Johannes Paul, Gustav Adolf. 3 Bände. Leipzig 1927/1932.

Walther Vogel, Die Ostseekämpfe 1661—1721 im Rahmen der europäischen Politik. In: Conventus primus historivorum Balticorum. Acta et relata. Riga 1937 (1938).

Die deutsche Ostbewegung

Rudolf Kötzschke, Wolfgang Ebert, Geschichte der ostdeutschen Kolonisation. Leipzig 1937.

Hermann Aubin, Zur Erforschung der deutschen Ostbewegung. Leipzig 1939.

Walther Kuhn, Die deutschen Siedlungsräume im Südosten. Deutsches Archiv für Landes- und Volksforschung. I. Jahrgang. Leipzig 1937.

Die südostdeutsche Volksgrenze. 1. und 2. Beiheft des 10. Jahrgangs von „Volk und Reich". Berlin 1934. Darin: *Ernst Klebel*, Die mittelalterliche deutsche Siedlung im deutsch-magyarischen und deutsch-slowenischen Grenzraum.

Albert Brackmann, Die Anfänge der abendländischen Kulturbewegung in Osteuropa und deren Träger. Jahrbücher für Geschichte Osteuropas. 3. Jahrgang. Breslau 1938.

Albert Brackmann, Magdeburg als Hauptstadt des deutschen Ostraums im frühen Mittelalter. Leipzig 1937.

Raimund Friedrich Kaindl, Geschichte der Deutschen in den Karpathenländern. 3 Bände. Gotha 1907/1911.

Walther Vogel, Deutsche und entdeutschte Städte in Ost- und Südosteuropa. Ihre Geschichte und ihr Schicksal. In: Volk unter Völkern. Herausgegeben von K. C. von Loesch. Breslau 1925.

Das staatliche Problem

Hermann Aubin, Die Ostgrenze des alten deutschen Reiches. In: Von Raum und Grenzen des deutschen Volkes. Breslau 1938.

Albert Brackmann, Die Ostpolitik Ottos des Großen. Historische Zeitschrift 134. München, Berlin 1926.

Otto Hötzsch, Staatenbildung und Verfassungsentwicklung in der Geschichte des germanisch-slawischen Ostens. Zeitschrift für osteuropäische Geschichte I. Berlin 1910.

Gerhard Laehr, Die Anfänge des russischen Reiches. Politische Geschichte im 9. und 10. Jahrhundert. Eberings historische Studien, Band 189. Berlin 1930.

Maximilian Braun, Der Aufstieg Rußlands vom Wikingerstaat zur Europäischen Großmacht (1000—1700). Leipzig 1940.

Friedrich Baethgen, Zur Geschichte der ältesten deutsch-polnischen Beziehungen. Altpreußische Forschungen, 13. Jahrgang. Königsberg 1936.

Albert Brackmann, Die Anfänge des ältesten polnischen Staates in polnischer Darstellung. In: Festschr. Ernst Heymann. Weimar 1940.

Gerhard Sappok, Zur Entstehungsgeschichte des polnischen Staates. Zeitschrift des Vereins für Geschichte Schlesiens, Band 70. Breslau 1936.

Hildegard Schaeder, Geschichte der Pläne zur Teilung des alten polnischen Staates seit 1386. I. Der Teilungsplan von 1392. Mit einer Tafel und zwei farbigen Karten. Leipzig 1937. Deutschland und der Osten, Band 5.

124

Kurt Krupinski, Die Westmächte und Polen von Napoleon I. bis Versailles. München und Berlin 1941.

Arnold Köster, Die staatlichen Beziehungen der böhmischen Herzöge und Könige zu den deutschen Kaisern von Otto dem Großen bis zu Ottokar II. Breslau 1912.

Heinz Zatschek, Geschichte und Stellung Böhmens in der Staatenwelt des Mittelalters. In: Das Sudetendeutschtum. Brünn, Prag, Leipzig, Wien 1937.

Erich Caspar, Vom Wesen des Deutschordensstaates. Königsberger Universitätsrede 2. Königsberg 1928.

Erich Maschke, Der Deutschordensstaat. Gestalten seiner großen Meister. Hamburg 1935.

Christian Krollmann, Politische Geschichte des Deutschen Ordens in Preußen. Königsberg i. Pr. 1932.

Die Konfessionen

N. Bonwetsch, Kirchengeschichte Rußlands. Leipzig (Quelle u. Meyer) 1917.

Karl Völker, Kirchengeschichte Polens. Berlin, Leipzig 1930.

Hans Koch, Konfession und Nation in Osteuropa. Auslandsdeutschtum und evangelische Kirche. Jahrbuch, München 1933.

Reformation insbesondere:

Ludwig Petry, Die Reformation und der deutsche Osten. Deutsche Monatshefte in Polen. Jahrgang 3 (13). Posen 1936/1937.

Kleo Pleyer, Die Reichweite der deutschen Reformation. Historische Zeitschrift 153. München, Berlin 1936.

Kulturströmungen

Josef Nadler, Literaturgeschichte der deutschen Stämme und Landschaften. 4 Bände. 3. Auflage. Regensburg 1929/1932. Vierte völlig neu bearbeitete Auflage Band 1—3. Berlin 1938/1939.

Eduard Winter, 1000 Jahre Geisteskampf im Sudetenraum. Salzburg, Leipzig 1938.

Konrad Bittner, Deutsche und Tschechen. Zur Geistesgeschichte des böhmischen Raumes. Brünn, Prag, Leipzig, Wien 1936.

Emil Schieche, Höhepunkte tschechisch-deutscher Kultursynthese. Ostdeutsche Monatshefte, 20. Jahrgang. Salzburg, Leipzig 1939.

Karl Maria Swoboda, Der deutsche Anteil an der Kunst der Sudetenländer. In: Das Deutschtum. Brünn, Prag, Leipzig, Wien 1937. (Mit einer Analyse der wesentlichen deutschen und tschechischen Elemente.)

Matthias Murko, Deutsche Einflüsse auf die Anfänge der slawischen Romantik. Teil I. Graz 1897.

125

Nationalismus

Erich Maschke, Das Erwachen des Nationalbewußtseins im deutsch-slawischen Grenzraume. Leipzig 1933.

Heinz Zatschek, Das Volksbewußtsein. Sein Werden im Spiegel der Geschichtsschreibung. Brünn, Prag, Leipzig, Wien 1936.

Hermann Oncken, Deutsche geistige Einflüsse in der europäischen Nationalitätenbewegung des 19. Jahrhunderts. Deutsche Vierteljahresschrift für Literaturwissenschaft und Geistesgeschichte VII. Halle 1929.

Das Nationalitätenrecht des alten Österreichs. Herausgegeben von Karl Gottfried Hugelmann. Wien, Leipzig 1939. (Besonders die geschichtlichen Teile von Harold Steinacker, Karl Gottfried Hugelmann und Max Hildebert Böhm.)

Max Hildebert Böhm, Europa, Irredenta. Eine Einführung in das Nationalitätenproblem der Gegenwart. Berlin 1923.

Hans Rothfels, Das Problem des Nationalismus im Osten. In: Deutschland und Polen. Herausgegeben von Albert Brackmann. München 1933.

Alfred Fischel, Der Panslawismus bis zum Weltkriege. Stuttgart 1919.

Anton Lößner, Josef Pilsudski. Eine Lebensbeschreibung auf Grund seiner eigenen Schriften. Leipzig 1935.

Jüngere Auseinandersetzungen

Josef Nadler, Heinrich von Srbik, Österreich. Erbe und Sendung im deutschen Raum. Salzburg, Leipzig 1936.

Darin besonders:

Reinhold Lorenz, Österreich in Mitteleuropa 1867—1918.

Karl Braunias, Österreich als Völkerreich.

Harald Steinacker, Österreich-Ungarn und Osteuropa Historische Zeitschrift 128. München, Berlin 1923.

Deutschland und Polen. Herausgegeben von Albert Brackmann. München 1933.

Darin besonders:

Otto Hötzsch, Brandenburg—Preußen und Polen von 1640—1815.

Gerhard Ritter, Die preußischen Staatsmänner der Reformzeit und die Polenfrage.

Hermann Oncken, Preußen und Polen im 19. Jahrhundert.

Rudolf Craemer, Deutschtum im Völkerraum. Geistesgeschichte der ostdeutschen Volkstumspolitik. Band I. Stuttgart 1938.

Giselher Wirsing, Zwischeneuropa und die deutsche Zukunft. Jena 1932.

Anschriften der Vortragenden:

Professor Dr. *Hans-Heinrich Schaeder,*
Universität Berlin.

Dr. *Artur Diederichs,*
Braunschweig, Hans-Berr-Straße 24.

Professor Dr. *Theodor Goerlitz,*
Universität Breslau, z. Z. Institut zur Erforschung des Magdeburger Stadtrechts, Magdeburg.

Professor Dr. *Hans-Jürgen Seraphim,*
Ost-Europa-Institut, Breslau, Sandstraße.

Dr. habil *Hermann Weidhaas,*
Publikationsstelle, Berlin-Dahlem, Gelferstraße 11.

Professor Dr. *E. von Sievers,*
Universität Posen.

EUROPA UND DER OSTEN

K a r t e n
gezeichnet von
I n g e   B e r g g o l d

Q u e l l e n :

1. Deutscher Kulturatlas. Herausgeber G. Lüdtke und L. Mackensen (5 Bände). Verlag de Gruyter & Co., Berlin.

2. Europa und der Osten. Herausgeber Hans Hagemeier und Georg Leibbrandt. München, Hoheneichen-Verlag, 1937.

3. Historischer Schulatlas. - Verfasser Friedr. Wilh. Putzger. Bielefeld, Verlag Velhagen & Klasing, 1937.

4. Neuer deutscher Geschichts- und Kulturatlas. Verfasser H. Harms. 2. Aufl. Leipzig, Verlag List & von Bressendorf, 1937.

Additional material from *Der Osten und die Deutsche Geschichte,*
978-3-663-14990-3, is available at http://extras.springer.com

The manufacturer's authorised representative in the EU is Springer
Nature Customer Service Centre GmbH, Europaplatz 3, 69115 Heidelberg,
Germany. If you have any concerns regarding our products, please
contact ProductSafety@springernature.com

Printed and bound by CPI Group (UK) Ltd, Croydon, CR0 4YY
28/04/2026
02098535-0001